U0069115

Hi! Story

嗨！有趣的故事

# 中國航天員

葛競

Hi! Story

# 【出版說明】

在文字出現以前，知識的傳遞方式主要就是語言，靠口耳相傳的方式記錄歷史與情感表達。人類的生活經歷、生命情感也依靠著「說故事」來「記錄」。是即人們口中常說的「傳說時代」。然而文字的出現讓「故事」不僅能夠分享，還能記錄，還能更好、更廣泛地保留、積累和傳承。

《史記》「紀傳體」這個體裁的出現，讓「信史」有了依託，讓「故事」有了新的準則：文詞精鍊，詞彙豐富，語言精切淺白；豐富的思想內容，不虛美、不隱惡。選擇人物一生中最有典型意義的事件，來突出人物的性格特徵，以對事件的細節描寫烘托人物的情感表現，用符合人物身份的語言，表現人物的神情態度、愛好取捨。生動、雋永而又情味盎然。

「故事」中的人物和事件，從來就是人類的「熱門話題」。她是茶餘飯後的趣味談資，是小說家的鮮活素材，是政治學、人類學、社會學等取之無盡、用之不竭的研究依據和事實佐證。

中國歷史上下五千年，人物眾多，事件繁複，神話傳說與歷史事實並存，正史與野史交錯互映，頭緒繁多，內容龐雜，可謂浩如煙海、精彩紛呈，展現了中華文化的源遠流長與博大精深。讓「故事」的題材取之不盡，用之不竭。而其深厚的文化底蘊如何呈現，怎樣傳承，使之重光，無疑成為《嗨！有趣的故事》出版的緣起與意趣。

《嗨！有趣的故事》秉持典籍史料所承載的歷史精神，力圖反映歷史的精彩與真實。深入淺出的文字使「故事」更為生動，更為循循善誘、發人深思。

《嗨！有趣的故事》以蘊含了或高亢激昂或哀婉悲痛的歷史現場，以對古往今來無數先賢英烈的思想、事蹟和他們事業成就的鮮活呈現，於協助讀者不斷豐富歷史視域和深度思考的同時，不斷獲得人生啟迪和現實思考，並從中汲取力量，豐富精神世界，在實現自我人生價值和彰顯時代精神的大道上，毅勇精進，不斷提升。

# 【導讀】

浩瀚的宇宙是每個孩子嚮往的地方，如果能去那裏旅行，該是一件多麼美妙浪漫的事情呀！

但是你們知道嗎？中國航天員為了他們的太空之旅經歷了多少艱辛的訓練和嚴峻的挑戰！

一九九八年一月四日，十四位通過層層選拔的飛行員，成為中國第一批航天員，他們宣誓要為國家的載人航天事業奮鬥終生。

等待他們的，是上百個學習課程和訓練項目，有航太醫學、地理氣象學、高等數學、自動控制等基礎理論課程，還有離心機訓練、震動訓練、野外生存訓練等訓練內容。在之後的二十年裏，他們中的很多人已經成為家喻戶曉的航天英雄，比如楊利偉、費俊龍和聶海勝；也有至今尚未飛入太空，但一直為航天夢不懈努力的英雄，比如鄧清明。

你想知道航天員（太空人）們的小祕密嗎？

第一位飛入太空的中國航天員楊利偉在太空中曾被一道道閃光嚇到，被奇怪的「敲門聲」驚到，那是怎麼回事？

中國第一位飛入太空的女航天員劉洋，兒時是個怎樣與眾不同的女孩？

中國首位「太空教師」王亞平，在太空船上為地球上的孩子們進行太空授課前，心情又是怎麼樣的？

讓我們翻開這本書，看中國航天員們如何突破自己的極限，實現航天夢！

你會知道，每個美好夢想實現的背後，都有持之以恆的努力與堅定不移的決心！

# 目錄

## 漫長等待

在一片望不到邊際的蔚藍之中，寂靜籠罩了一切。

一位太空人正緩緩地走出艙門，他謹慎地把航天服（太空衣）上的保護繩索固定在太空船外殼上。這可不是因為他膽小，在茫茫太空中，太空船就像唯一能夠停靠的小島，太空人一旦離開，就會消失在無邊無際的宇宙中。

這位太空人開始了他的太空漫步。也許，在你的想像中，太空漫步應該像卡通片裏的超人那樣，飛簷走壁，速度飛快，讓人眼花繚亂。可惜，和你想像得不一樣，他的動作古怪而緩慢，就像電影中的慢動作，看著有點好笑。

有位太空人曾經說過：「失重是一張最柔軟的床。」聽上去倒是很舒服呢，但要是讓你在一大團棉花中跳舞，還要做出各種精細的小動作，你會不會急得滿頭大汗，手忙腳亂？

告訴你一個祕密，太空人身上的太空衣重達一百六十公斤，失重的時候，身體會變得不聽指揮，想要控制自己的姿態，或是瞄準一個小零件，都變得格外困難。

但這位太空人卻沒有被難倒，他得心應手地進行艙外的工作，好像這一切他早就做過很多次了。

這是因為，太空人們都在更可怕的環境裏訓練過！

你聽說過失重飛機嗎？

噴射機把訓練者帶到上萬公尺高空，再高速俯衝，製造出恐怖的失重效果，足足會持續二十五秒！

你坐過雲霄飛車吧？俯衝的幾秒鐘，大家牢牢地抓住扶手，閉緊眼睛。也許，你特別勇敢，能大聲歡呼，還能向四周的人揮手。但是，如果我命令你，要在這時候看書、喝水、吃東西，還要做幾道數學題，你會不會立刻轉身逃走呢？

其實，做到這些對太空人來說也不容易。跟你一樣，他會覺得頭昏腦脹，胃中翻滾，甚至想要逃走，但這卻是每個太空人必須面對的考驗，不能打敗失重飛機，又如何面對宇宙航行中隨時可能出現的各種狀況呢？

就在這個時候，太空船的警報器突然嗶嗶作響，有零組件出現了問題，太空人必須以最快的速度排除故障，否則整艘太空船的人員都可能面臨生死存亡。在密密麻麻的線路和按鈕中，他準確地找到了關鍵的那一個，及時修正，警報聲消失了，他這才發現自己出了一身冷汗。

深藍色的宇宙深處，傳來了神祕的呼喚聲。

那像是在北京航天城外面，女兒隔著厚厚的圍牆跟他聊天的聲音；又像是他小的時候，第一次聽到飛機掠過頭頂的呼嘯聲……

不！那是從水面傳來的教練員的聲音，教練員在呼喚著：「鄧清明！鄧清明！」

一團氣泡從他身邊慢慢升起，耳邊傳來水波晃動的響聲。

這裏並不是浩瀚的宇宙，而是太空人進行失重訓練的中性浮力水槽。

是的，航天員鄧清明還沒有飛上真正的太空，雖然他已經為此準備了很久很久，雖然他是現役航天員中服役最久、經驗最為豐富的一個。

現在，他即將面對一次最重要的考核，這會是改變他命運的契機嗎？盼望已久的宇宙征途會就此開啟嗎？

我猜，你一定遇到過很重要的考試。

也許是某次期末考試。

也許是一次升學考試，關係到你能不能去理想的學校。

但如果是一場要進行十幾年的考試，你有勇氣堅持下去嗎？

鄧清明就經歷了這樣一場漫長的考試。

從加入中國人民解放軍航天員大隊開始，「神舟五號」太空船首次升空，他的隊友楊利偉成為中國進入太空的第一人，之後「神舟六號」、「神舟七號」、「神舟九號」、「神舟十號」、「神舟十一號」太空船陸續升空。十幾年過去了，費俊龍、聶海勝、翟志剛、劉伯明、景海鵬、劉旺、劉洋、王亞平……他的隊友們先後進入太空，探索宇宙的奧祕，而鄧清明還在航天城默默地訓練，靜靜地等待。

一個人的宇宙征途需要勇氣，需要智慧，更需要堅忍的毅力和永不放棄的決心。沒有人知道，在踏上宇宙征途之前，需要走多久。

鄧清明深刻地知道：每一個細節，每一道題目都會被列入最終考核的評分，〇．〇一分的差距會徹底改變一個人的命運。對於「神舟十一號」的航天員選拔，他信心十足。他的體能一直保持著最好的狀態，他的經驗和閱歷最為豐富，他相信這次自己一定能入選，實現夢想，去執行太空任務。

艱苦的訓練，嚴酷的考核，這一切，他早已習以為常。

就像離心機訓練，巨大的離心機以一百公里的時速高速旋轉，航天員在鐵臂盡頭的圓筒裏半躺著，體驗超重的負荷，還要敏捷地回答問題。

這可比遊樂場裏的海盜船刺激多了，你會頭暈目眩，看不清東西，心跳加快，呼吸困難，彷彿身上正站著一頭大象。你的手邊有一個小小的紅色按鈕，如果你受不了了，不用大喊救命，只要按下按鈕，可怕的旋轉就會停下來。然而，從來沒有航天員按下那個按鈕。

而在生存訓練中，你會被飛機拋到荒無人煙的沙漠，沒有帳篷，只有隨身攜帶的降落傘，白天驕陽燥熱，夜晚寒冷刺骨，這可不是一次浪漫的旅行。你要能根據夜空的星座判斷方向，還要能認清地面上的動植物哪些是危險的，哪些可以充飢。

鄧清明又一次走進航天指揮控制中心的大廳。

窗外陽光明媚，風輕雲淡。

考核成績已經出來了，那個他期盼已久的結果即將宣佈。

中心的指揮官和參選航天飛行梯隊的隊員都在，他和隊友們交換了個默契的眼神，他們每個人手中都拿著執飛任務的數據，做好了充份的準備，卻不知道誰會是那個被選中的勇士。

大廳如此安靜，他能聽到自己呼吸和心跳的聲音。

幾分鐘後，名單即將揭曉。等待的時刻，顯得短暫又漫長。

這一刻，鄧清明想起了十八年前的情景，他走進一個莊嚴肅穆的大廳，懷著激動而興奮的心情，期待開啟自己的宇宙征途。

# 少年圓夢

想想幾十年前，幾個少年身處不同的地方，他們性格不同，也不知道彼此的存在。他們不會知道，未來他們將並肩擔負同一個重任，朝著同一個偉大的夢想共同進發。

清晨並不是一直有光亮的，而是暗黑的夜緩緩被太陽點亮的，這一點兒時的鄧清明早就知道了。在江西的東陂鎮上，他總是需要在漆黑的清晨出發，在路上走上三個小時，才能走到學校。

但他永遠不會嫌苦嫌累，因為他知道，喊他起床的父母，比他起得更早。

穿上單薄的衣服後，清明快速地背上自己的小挎包，裏面裝著媽媽給他備好的乾糧。走出房門，初春清冷的空氣讓清明裹緊了身上的衣服。和父母告別後，便開始了這一天。雖然清明不怕吃苦，但他最怕的是漆黑的夜路。

小時候，你也一定很怕黑吧？在媽媽催促你趕快上床，準備關燈的時候，你也許會趕緊把被子蓋過頭頂，嚴嚴實實地捂住自己，直到憋不住的時候，才迅速露出嘴，大吸一口氣後躲進被窩兒。

因為在小孩子的心裏，黑暗中有無數的妖魔鬼怪想要吃掉你。而你唯一的抵抗法寶就是一床被子，只要蓋上它，妖怪就永遠不會發現你。

當然，鄧清明早過了害怕妖怪的年齡了，但他依舊怕黑，畢竟怕黑是人類的天性！這可怎麼辦？而鄧清明知道自己絕對不能回家，難道要和爸爸媽媽說自己因為怕黑而不去上學嗎？

那就只能硬著頭皮向前走了。可是他愈走愈害怕，背上不斷滲出冷汗。

鄧清明的眼前只有一片昏暗，而平日裏的每一根普通的電線桿，一棵普通的垂柳，甚至只是一棵剛剛發芽的蔬菜，都似乎在清晨變作不為人知的怪物，窺探著在黑暗中獨自行走的他。

鄧清明只能睜大自己的眼睛，給自己不斷地打氣。寒氣逼人的空氣中，鄧清明呼出的熱氣都變成了水霧。他愈走愈快，腳下卻被什麼東西絆了一下，快走帶來的慣性和僵冷的身體讓他一下子就摔倒在地。

黑暗中，鄧清明緊緊閉著雙眼，蜷縮起身體。他心中有兩個聲音在不斷交織拉扯。一個聲音不斷呵斥自己：快給我起來！一定要走下去！而另一個則不斷地安慰自己：沒關係！只要閉緊雙眼，安靜地躺著就行了，躺到天亮我們就走！兩個聲音不斷地敲擊著鄧清明的心房，如鼓點般愈來愈急，鄧清明大口吸著清冷的空氣，鼓起勇氣睜大了眼睛。

而映入眼簾的，卻是靜默璀璨的星光。

少年的背被大地輕輕擁抱，他面對那紫羅蘭色的夜空，還有那明亮的星光，腦海中的恐懼立刻全部消散了。鄧清明只剩下了一個疑問：星空為什麼那麼美？

這一刻，鄧清明不再害怕黑夜了，他相信星星的光芒能夠照亮他前行的路。鄧清明拿出包裹媽媽做好的乾糧，咬了一口，快步地走向學校。

這次的經歷，在鄧清明的心中埋下了一顆種子，那就是要在美麗的星空中遨遊。

在遙遠的東北，有一個頑皮得不行的「孩子王」，他此刻正在行駛的火車上跟一群小夥伴玩遊戲呢。

那個孩子姓楊。你現在一定猜出他是誰了吧？沒錯，他就是中國航天第一人楊利偉。

你一定以為，作為一位航天英雄，楊利偉小時候一定是個品學兼優、經常受老師表揚的小朋友吧？但現實可不是這樣，雖然楊利偉那時候學習成績非常好，但他可是班上最令老師頭疼的孩子。他夏天去河裏游泳，秋天去大山裏爬樹，還經常帶著小夥伴四處探險。

火車是那個時候的男孩最喜歡的東西，帥氣，威風！而楊利偉也一樣。性格活潑外向的他，夢想就是當一位火車司機。

長大後，楊利偉終於發現一個離英雄夢更近的辦法——加入中國人民解放軍空軍！高中三年級的時候，楊利偉參加了空軍招募飛行員的考試。他順利通過了重重考試，成為中國人民解放軍空軍第八飛行學院的正式學員。

在湖北棗陽，另一個男孩聶海勝正在為幾塊錢的學費而苦惱。作為家裏的老六，雖然學習成績優秀，但是家裏的情況實在是拮据，甚至連書都沒有，可他依然憑藉自己的努力，考上了縣裏的重點高中。本來是令全家人都高興的事，現在卻讓家人為難。畢竟，現在全家人吃的可都是黑窩頭和雜麵餅啊！哪裏有錢供小六上學？

為了賺學費，聶海勝拚盡了全力，無論是搬木材還是下地幹活，他都是最出力的那個人。為了多賺幾塊錢，他能步行十幾里路，去堂兄家幫忙裝茶葉。

在得知這一切後，學校特意為聶海勝減免了一些學費。他順利地升入了高中，又在高中畢業後成為中國人民解放軍空軍的一員。

就這樣，三位心懷夢想的少年長大了，他們都進入了空軍部隊，開始向他們的夢想一步步邁進。

他們在空軍部隊中的表現格外出色。楊利偉在執行訓練任務時，曾經遇到嚴重的「空中停俥」事故——飛機的一個發動機不運轉了！緊急關頭，楊利偉冷靜操作，駕駛飛機安然返航。

聶海勝在首次駕駛戰機時便遇到機械故障，他多次嘗試降落都失敗了，在離地面四五百公尺處才棄機跳傘。等他清醒過來時，戰機已扎進土裏爆炸了！

在中國宣佈選拔第一批航天員的計畫後，他們的命運再次改變。成為一個航天員，這是多少飛行員的夢想啊！

你一定覺得通過飛行員的選拔已經困難重重了吧？如果你聽到中國第一批航天員的選拔方式，你一定會驚呼，這實在是不可能完成的任務！

一起看看首批航天員的初選條件吧：

一、年齡在二十五至三十五歲的男性，身高一六〇至一七二公分，體重五十五至七十公斤。

二、職業為空軍殲擊機、強擊機在飛合格飛行員，工作時間在三年以上，學歷不低於大專。

三、技術方面，累計飛行時間六百小時以上，飛行等級為三級以上，具有獨立戰鬥機值班能力與經驗，無等級飛行事故。機種改裝能力強，善於獨立思考，機動靈活，動作協調，應急情況下沉著果斷，綜合處置能力強。

什麼？你以為滿足這三條就能成為航天員了？這僅僅是個開始，嚴酷的考核還在後面。

首先是體格測試，雖然飛行員的身體素質也很棒，但航天員連一點點小的瑕疵都不允許！所以，如果你也想成為航天員的話，一定要從小就鍛鍊出強壯的身體啊！

但你以為這樣就行了嗎？還不夠！

離心機訓練測試又是一道難關。

巨大的離心機以一百公里的時速高速旋轉，參加選拔的飛行員要在鐵臂盡頭的圓筒裏半躺著，體驗相當於自身體重八倍的壓力，還要敏捷地回答問題。

之後，還要進行大腦前庭功能檢查，採用轉椅刺激、鞦韆刺激或灌耳刺激等方法，選出前庭植物神經反應穩定性佳者。你肯定會說，不就是坐個轉椅或者盪個鞦韆嗎？我也可以。哈哈，那可不是辦公室裏的轉椅和小公園裏的鞦韆！而是高速旋轉的轉椅和鞦韆，別說你坐上去了，就是讓你在一旁看著，你都可能立刻把剛吃進去的早飯全部吐出來！

只有通過這些考核，才能證明自己有成為航天員的潛質！

但是，這些高強度的考核對於任何一個人都是艱難的考驗。隨著離心機旋轉，備選航天員個個緊閉雙眼，豆大的汗珠流過臉龐，並立刻被甩飛出去，脖頸也慢慢地麻木了。

不過，這些身經百戰的飛行員絕對不會輕易放棄。就跟我們在長跑一樣，跑到五百公尺我們可能就已經氣喘吁吁了，甚至有了放棄的念頭，但是讓我們再堅持，因為這個時候只是身體的一個極點。也許我們雙腿乏力，喘不上氣，感覺整個人就像一袋沉重的水泥，但是只要我們堅持下去，我們就會發現，過不了多久，我們的體力就又回來了，而且會突然變得神清氣爽。那就是我們突破了身體的極點，身體和意識更上一層樓的標誌。而這些優秀的飛行員也清楚，這也是一個極點罷了。面對它，自己只有一條路，那就是打敗它，讓自己更上一層樓！

鄧清明咬緊牙關，腦海中回想著兒時因為害怕夜路而仰望星空的畫面。他心裏清楚，能夠擊退所有困難和恐懼的，就是心中永不磨滅的夢想。那一瞬間，鄧清明又立刻回到之前清醒的狀態，他緊皺的眉頭緩緩舒展，因為他知道自己已經熬過了那個極點。而剩下的考核，對他而言也不過如此了。

經過了一系列艱難的考核，鄧清明走出了考場，對著浩瀚的星空長長地噓出一口氣。終於，離夢想愈來愈近了！

就這樣，鄧清明、楊利偉、聶海勝都成功地被選為中國第一批航天員。中國載人航天的征途才剛剛開始，接下來的日子也不會輕鬆，他們會努力地征服一個又一個的目標。

# 光榮宣誓

一九九八年一月四日這天夜裏，北京上空大雪紛飛。在通往西郊的路上，大雪覆蓋了整條街道，除雪車在路燈下一點兒一點兒地把積雪清到路旁。而就在這條路邊，橫著一塊巨大的石頭，上面刻著「中國航天員中心」幾個大字，它們在車燈的照耀下閃著金光。

人們想像中的航天員，就是穿著高科技的航天服，飛到太空的那些人，但他們在地面上都做些什麼呢？在那個時候，中國還沒有自己的航天員，也沒有哪個中國人到太空遨遊過。也許你會問我，要是中國沒有航天員，那怎麼還會有一個中國航天員中心？

中國航天員中心，全稱是「中國航天員科研訓練中心」，位於北京航天城。你可能想不到，這個中心已成立四十多年，也就是說，在徵召第一批航天員之前，中國的航天人已為載人航天夢默默準備了二十多年。

除雪車清理了路上的積雪後，一輛又一輛的小汽車從石頭邊上飛馳而過。有輛巴士轉進了大石頭後面的園區——一個當時還沒法在地圖上查到的地方。

巴士的車窗經過了特殊處理，只能從裏面看到外面，在外面是看不到裏頭的。但如果你有辦法透過特殊的玻璃看到車內的樣子，你會發現車裏端端正正地坐著十四名乘客，他們神色堅定，表情剛毅。如果更近些看，你會發現他們眼裏深藏著的熱情與興奮。

巴士上的乘客，是從各地挑選出來的優秀飛行員，經過三年的層層選拔，鄧清明和車上的其他十三位飛行員通過了最終的考核。如今，他們中有許多人你可能都認識，比如楊利偉、費俊龍、聶海勝等。但在那個時候，沒有人知道他們的名字和身份。

在過去的三年裏，他們的行蹤和資料都是機密。在朋友和家人眼中，他們好像失蹤了，從平時生活、訓練的地方突然消失了。

巴士迎著漫天的雪花，沿著寬敞平整的柏油路向園區深處開去，一盞又一盞明亮的路燈從車窗外一閃而過，燈光忽明忽暗地打在一張張堅毅的臉上。坐在第一排的鄧清明看到道路的盡頭有一座燈火通明的大樓正緩緩貼近自己，中國航天員科研訓練中心到了。

巴士緩緩停在大樓前，王牌飛行員們紛紛從車上下來，在車旁列成一隊。天空還在下著雪，航天員中心的門前沒有鮮花旗幟，也沒有歡迎隊伍。一片雪花從鄧清明的眼前飄了下來，落在他的下睫毛上，化成了雪水，眼前的景象模糊了。兩名軍官匆匆從大樓裏走出來，迎上他們，敬了一個軍禮：「歡迎你們，我們中國未來的第一批航天員！」

鄧清明和隊友們向兩位軍官回敬了一個標準的軍禮。在寒冷的冬夜，鄧清明看著大樓上「中國航天員中心」幾個大字，心裏好像燒起了一團火。經過了最嚴格、最嚴酷的考核，他終於來到了這裏，即將成為中國第一批光榮的航天員。如果你正站在他們面前，你會發現在這十四位經歷過無數大風大浪、從一輪又一輪殘酷考核中脫穎而出的英雄眼中，正亮晶晶地閃著一朵朵淚花。

自從人類誕生以來，我們從未停止過仰望星空。天上到底有多少顆星星？太陽和月亮是怎樣輪換的？我們能不能飛到太空看一眼，地球是什麼模樣的？

歷史上第一個透過自己的努力想要飛上太空的人，是中國古代一個名叫陶成道的人，曾擔任過「萬戶」的官職。他從小學習火藥技術，製造火箭武器，幫助明朝的開國皇帝朱元璋打贏了許多場戰爭。但他的內心，始終嚮往著星空，無論如何也想飛到天上去看一看，於是他製作了一把綁滿火箭的椅子，想讓火箭送他到天上去。但最後他並沒有成功，而是被火藥的爆炸吞沒了。陶成道的嘗試雖然失敗了，但他開啟的是人類試圖進入宇宙的先河，他的事蹟被傳頌了幾百年。為了紀念他，國際天文學聯合會還把月球上的一座環形山命名為「萬戶山」。

而人類真正成功飛上太空，已經是數百年後的一九六一年了，蘇聯的航天員加加林乘坐著「東方一號」太空船第一個進入地球的外層空間，親眼看到了宇宙的美麗景象。但作為世界航天事業的先驅，直到一九九八年，中國人仍然沒有在太空留下痕跡。

天冷極了，在中國航天員中心，鄧清明一行人來到了他們的宿舍。宿舍是單人房間，鄧清明沒有打量這間寬敞明亮的屋子，而是站在窗前望向夜空。如果你生活在城鎮裏，抬頭向天空望去，多半只能看到微微亮著紫色或者紅色光芒的夜空，因為城鎮的光汙染會把星星都「遮」住。但如果你在郊外或小村落中，抬頭便可以看到滿天的星星，美極了。此刻的鄧清明就仰望著這樣的夜空，他看著這片熟悉而又陌生的星空，暗下決心，一定要刻苦訓練，成為一名優秀的航天員，有朝一日能夠乘坐中國的載人航天太空船進入太空執行任務，在太空中留下屬於中國人的印記。不僅僅是鄧清明，在這個夜晚，遨遊太空的夢想和責任感在所有十四位飛行員的心中都更加堅定、明確了。

如果你來到這樣一個神祕的地方，住在充滿科技感的宿舍裏，特別是又要在未來成為一名航天員，一定會激動得睡不著覺吧？對於我們的十四位飛行員來說，他們的心情跟你一樣激動，但經過多年的訓練，他們不會因為這樣的激動而睡不著覺，反而會充份注意自己的睡眠情況，保持充足的精力。因為他們明白，成為航天員不僅僅是一件令人激動萬分的事，更是一份很大的責任，他們肩上扛著的，是中國人的航天夢。

一九九八年一月五日到了，太陽緩緩地升上天空，下了一夜的雪把整個航天員中心變成了白皚皚的一片。這天是星期一，在你的學校裏，週一一定會舉行升旗儀式吧？此時此刻，鄧清明和隊友們也穿戴整齊，在航天員中心的操場上舉行了莊嚴的升旗儀式。操場上還有航天中心的許多工作人員、研究人員，他們都是優秀的科技人才，在五星紅旗緩緩升上天空的時候，他們的心中都有一個共同的目標：要為中國載人航天事業做出貢獻。

升旗儀式過後，鄧清明和隊友們跟著軍官來到了航天指揮控制中心裏的學術大廳。這個大廳，是平日裏專家和教授們進行演講、討論問題的地方，而今天，在這裏等待鄧清明他們的是一場莊嚴神聖的儀式。

學術大廳十分整潔，航天員中心的長官走上講台，向飛行員們敬了個軍禮：「請各位摘下你們身上的飛行員徽章。」十四位飛行員將自己衣袖上的飛行員徽章摘了下來。這十四枚跟隨他們許多年的徽章連同他們解放軍飛行員的身份，都在此刻被摘了下來。

一隊軍人捧著一個個小盒子來到了鄧清明他們的面前，小盒子上放著的，是金光閃閃的「中國人民解放軍航天員大隊」徽章，徽章上還雕刻著一枚蓄勢待發的火箭。學術大廳裏，十四位飛行員——哦，不，是十四位航天員——把嶄新的徽章別到了自己的衣袖上。

楊利偉、聶海勝、費俊龍、景海鵬、翟志剛、劉伯明、劉旺……這些日後登上神舟太空船，飛上太空的航天員，都在這個隊伍中。

這一刻，中國人民解放軍航天員大隊正式成立！當一枚枚漂亮的航天員徽章在十四位航天員衣袖上閃閃發光時，十四位航天員正式告別了戰鬥機飛行員的身份，從此他們的理想與事業不再是蔚藍的天空，而是更為廣闊的宇宙。對我們國家來說，這意味著我們中國終於有了自己的航天員，中國載人航天事業又朝前邁進了一大步。

十四位中國第一批航天員握緊拳頭，舉手宣誓：「我自願從事載人航天事業……英勇無畏，無私奉獻，不怕犧牲，甘願為祖國的載人航天事業奮鬥終生！」

一九九八年一月五日的清晨，在北京西郊的中國航天員中心裏，莊嚴肅穆的學術大廳中，三十二歲的鄧清明和他的隊友們正式成為中國第一批航天員，但這並不是他們航天夢的終點，而是真正的開始。迎接鄧清明的，不是鮮花和掌聲，而是在沒沒無聞中，接受日復一日的更為嚴酷艱難的訓練。只有成為一名最優秀的航天員，才能乘坐最精密的航天器進入深遠浩瀚的太空。

就在之後的二十年裏，中國的載人航天事業突飛猛進，中國成為世界上第三個有能力獨立開展載人航太活動的國家，一艘又一艘神舟太空船載著中國的航天員、載著中國人的航天夢想飛入太空。二十年裏，飛入太空對於鄧清明和他的隊友們而言不再是遙不可及的夢想，而是引以為豪的事業。他們中的許多人都進入了浩瀚的宇宙成為太空英雄。

## 嚴酷磨礪

當你深夜走在回家的路上，或者是做完作業到窗邊透氣的時候，你是否曾抬頭看過夜空？在月亮光芒的背後，是不是有著一閃一閃的小星星？如果你抬頭看不到星星，可能是天上的雲層太厚了，也可能是城市夜晚的燈光掩蓋了星星的光輝。

如果你到郊外去，坐在萬里無雲的夜空下，你就可以看到滿天的星星，牽牛星、織女星、北斗七星……無數顆漂亮的星星在夜空中釋放著它們的光輝。這時你會嚮往著飛到太空去，從遙遠的天上俯瞰我們生活的家園。

事實上，從二十世紀開始，把人類送入太空，便一直是世界上各個強大國家的夢想。對於任何國家而言，載人航太工程都是一項具有重大意義的事業，它不僅僅承載著人類對於未知空間的嚮往，還在科學研究上具有重要意義。所以在蘇聯發射了載人太空船後，美國緊接著也投入了大量人力物力，將美國太空人送上了太空，而著名的「阿波羅計畫」，還將太空人送上了月球。

而中國，在將「東方紅一號」人造衛星成功送上太空之後，在蘇聯和美國陸續傳出成功將太空人送上太空的消息時，也曾在一九七一年提出要開展載人航天工程，可隨後又擱置了這一計畫。

你可能會問，既然中國已經有能力將人造衛星送上太空，那麼為什麼不再接再厲推動中國的載人航天工程呢？這是因為，載人航天工程和人造衛星工程相比，要繁雜、困難許多。將一顆人造衛星送上太空，只要讓火箭把衛星帶到預定的飛行軌道，衛星就可以自行飛行。但是，如果要把一位太空人送上太空，就要考慮到如何保障太空人的生命安全。火箭加速度太快，容易超出人體極限，飛得太慢，又無法成功擺脫地球引力，到了太空的失重環境裏，呼吸、進食甚至血液循環等在地球上看來毫不起眼的事情，都需要科學家探索和研究保障的方式，而太空人本身的選拔和培養也是一個十分複雜的過程。

將一位太空人送上太空，要耗費龐大的國家資金和科研力量，在二十世紀七〇年代，中國正處於恢復和發展經濟、建設國家的重要時期，與載人航天相比，提高全國人民的生活水平更為重要，因此中國的載人航天工程就暫時擱置了。

但在中國人的心中，航天夢想從來沒有放下過。在中國改革開放後，國力得到了大幅提高，經濟水準飛速上升，國家和平安定，日漸繁榮，於是在一九九二年，中國政府重啟了載人航天工程，力爭在浩瀚的太空中也留下中國人的足跡。

就這樣，鄧清明和楊利偉等十四位卓越的飛行員被選為中國第一批航天員，與數學家、物理學家等專業人員在北京航天城會聚，共同為中國載人航天事業而奮鬥。

也許在你眼中，太空人是一個神奇又幸福的職業，他們能飛上太空去歷險，能感受世界上大部份人都沒感受過的奇妙旅程。但你可知道，成為一名太空人，要經歷多少嚴酷的磨礪和艱難的考驗？

冬天的北京，太陽要到早上七點多鐘才慢慢悠悠地升上天空。這個時候，你可能也剛起床，正吃著熱騰騰的早飯，也可能還賴在床上，在媽媽一遍又一遍的催促之下從床上「艱難」地爬起來。但在中國航天員中心的操場上，十四名新晉的航天員已經完成了五公里長跑和兩百個伏地挺身的晨練。即使在做戰鬥機飛行員的時候，鄧清明也沒有接受過這麼嚴格的訓練啊！但要想飛上太空，沒有強健的體魄是不行的。

在航天員中心的科學知識課堂上，鄧清明瞭解到航天員在火箭升空的過程當中，要承受火箭加速度帶來的巨大壓力，同時還要保持意識的清醒，自行操控太空船。而在飛上太空後，微重力的環境更會對人的身體產生巨大的影響，身體素質不好的人很難忍受住這樣天旋地轉的感覺，更別說在太空船中完成各種任務了。從踏入航天員中心的那一刻起，鄧清明的夢想就是成為一名遨遊宇宙的航天員，所以面對這樣嚴酷的訓練，他可沒有半點偷懶。

從外形上看，整個中國航天員中心所有的訓練館跟普通工廠沒什麼兩樣。如果你看到這樣的一座「工廠」，也只會想到裏面是工人們製造小汽車，或者是鐵匠們鍛造零組件的地方，怎麼也不可能猜到這裏是中國第一批航天員進行祕密訓練的地方。但通過一道密碼門，走進第一間訓練廳，鄧清明立刻被裏面的設施嚇呆了——各種各樣的高科技設備擺滿了整個訓練中心。

李慶龍和吳傑是他們的教練員，早在兩年前，他們兩個人就被派往俄羅斯加加林太空人訓練中心進行培訓，並且在一九九七年十一月順利地拿到了國際太空人合格證書。吳傑成了一名航天員飛行乘組指令長，李慶龍成了合格的隨船工程師。

這座訓練館，是專門用來訓練太空人身體機能的地方。聶海勝被第一個安排在了離心機上——這是飛行員們再熟悉不過的訓練器械了。在戰鬥機加減速或者轉彎的過程中，由於慣性，飛行員的身體會受到擠壓，就好像你騎著自行車煞車時會感受到自己的身體不由自主地向前傾。一般在戰鬥機飛行過程中，會產生相當於人體自身重量五到六倍的壓力（也就是「五—六G」）。在緊急制動的時候，最多會達到九G的壓力。而我們普通人一般只能承受二—三G的壓力，因而，在飛行員的培訓中，就要通過離心機訓練，提高飛行員承受壓力的能力。

而在火箭升空的時候，由於需要達到更高的加速度，就會對人體產生更大的壓力。航天員普遍需要長時間地承受九G以上的壓力，這幾乎達到人體能夠承受的極限，因而在中國航天員中心，航天員們要承受遠遠超過以往訓練強度的離心機訓練。

在升空的過程中，火箭會劇烈地搖晃，儘管承載太空人升空的專用座椅會進行減震處理，但太空人依然要承受極為強烈的震動。平時我們騎著減震效果比較差的自行車經過坑坑窪窪的路面都會覺得十分顛簸，而太空人在火箭升空時要承受的震動強度可能是這種強度的幾十倍甚至上百倍，太空人身上的每一處肌肉、每一塊骨頭都會跟著顫動，彷彿無時無刻不在被人用力擊打。

要避免太空人在升空過程中因為震動而受到傷害，專門訓練太空人抗震能力的震動訓練台便被設計了出來。第一個被安排上震動訓練台的，是監測數據中抗震能力較好的費俊龍。但在訓練中，費俊龍從躺上訓練台到結束訓練，都像是經歷了骨骼散架、骨肉分離的過程。

除了要應對火箭升空時的危險，還要確保太空人在太空中生理機能的正常運行。在地球上，人在站立時，由於重力的影響，我們身體下部的血液更多一些，身體下部的血管會承受更大的血液壓力，久而久之，身體下部的血管就會變得更加堅韌，而身體上部的血管就會比較脆弱，這就是為什麼我們在倒立的時候會明顯感覺頭腦發脹，十分難受。

但是在幾乎沒有重力的太空裏，血液不受重力的影響，均勻地分佈在身體上下部的血管裏。這個時候，血液就會對原本比較脆弱的血管造成危害，時間長了很可能危及太空人的健康甚至生命。因此，太空人們就要接受血液重新分配的訓練，躺在一張可以三百六十度旋轉的床上，以倒立、傾斜等各種各樣的方式看書、睡覺。這樣訓練一次下來，身體素質再好的太空人也會感到頭昏腦脹。

而在太空艙返回地球的過程中，還可能發生軌道失控，掉進不在預定降落地點的無人區。這個時候，就需要我們的太空人掌握野外生存的技能。他們要到沙漠、熱帶雨林、雪山等各種無人區露營，在補給有限、環境惡劣的情況下學會如何生存下去。

作為一名優秀的飛行員，楊利偉也曾經歷過嚴格的野外生存訓練，以應對跳傘逃生的狀況，但太空人太空艙和逃生裝置的空間更加有限，難以像飛行服和彈射座椅一樣儲備物資，所以太空人們必須經歷比作為飛行員時更為艱苦的野外生存訓練。

楊利偉和聶海勝曾被投放到沙漠，身邊只有一個降落傘，面對炎炎烈日下的一片黃沙，該怎麼生存下去？

愛動腦筋的太空人就像是魔術師，能把手邊的一切東西變成自己最需要的裝備。兩個人一起動手，把降落傘割開，再進行組合與安裝，竟然做出了一個結實的帳篷。酷熱的陽光被擋在外面，太空人們暫時有了沙漠中的小窩。

到了夜晚，烈日沉入沙海，溫度下降得很快，你可能為太空人們感到慶幸，終於涼快下來了！可是你肯定沒有想到，沙漠的氣溫會降到攝氏零下四度。寒風凜冽，單薄的降落傘帳篷根本抵擋不了外面的寒氣，現在太空人們需要的，是一個溫暖的堡壘。

楊利偉看著身邊有限的材料，又有了新主意。用破碎的傘布包上沙子，正好可以做成一塊塊「磚」，這些「磚」又可以壘成牆，變成一座能防風取暖的小小「磚房」。

在這「磚房」裏面可就暖和多了，外面溫度只有零下幾攝氏度，而「磚房」裏有十幾攝氏度。在沙漠的寒夜中，這可以算得上溫暖如春了！

兩名太空人開始享用他們溫馨的晚餐了。當然，野外生存訓練不會給他們準備烤羊排這樣的大餐，他們只有涼水和餅乾，而且還是限量的。但在寂靜無人的沙漠，身處自己親手搭建的小屋，眺望浩瀚無邊、群星璀璨的夜空，涼水和餅乾似乎也有了不一樣的味道。

第二天清晨，一輪紅日從荒漠中緩緩升起，楊利偉和聶海勝知道，他們已經用智慧和毅力戰勝了寒夜。

下面的任務就是返回了。楊利偉看著鮮豔的橙色小帳篷，又有了一個絕妙的主意。他和聶海勝撕開橙色布料包在頭上，像戴了兩頂很有風格的帽子。這樣有趣的打扮其實很有深意，橙色很耀眼，來接他們的直升機很容易發現他們，而且這樣的帽子又非常實用，能防風防沙。兩名航天員戴上護目鏡，互相看了看，忍不住大笑起來。時尚的帽子、酷炫的護目鏡，他們簡直就是瀟灑的野外探險家！

太空人就是用這種苦中作樂的精神，勇敢而堅定地面對所有的困難與挑戰。

在野外生存訓練中，太空人有時要面對的是一整片原始森林。雨林裏悶熱潮溼，茂密的樹林幾乎把陽光完全遮擋了。

太空人深一腳淺一腳地行走在泥濘的土地上。在雨林裏，一般樹木長得比較茂密的方向是南，苔蘚植物長得多的方向則是北。仔細觀察草木的生長，辨明方向後不斷朝著同一個方向走去，只要不繞圈子，總能走出雨林。

夜晚是最考驗生存技能的時候。太空人要細心地觀察身邊的植物，收集可食用的菌類和植物根莖，還要找來相對乾燥的樹枝、樹葉，用小刀削成碎屑，用打火棒點燃，再用水壺裝一壺清水，這樣就能做一碗簡單的蘑菇湯了。

雨林的夜晚是極其危險的，有野生動物出沒，但也有求生的線索。夜空是黑漆漆的一片，但如果附近有人活動，車燈或者電燈就會照亮附近的夜空。只要朝著發亮的方向走，就一定能找到光源，找到人家。

除了這些，陸續迎接太空人的，還有雪原和海洋等各種極端環境。

除了肉體上的磨礪，太空人也必須接受嚴酷的心理訓練。在航太任務中，有時只有一位太空人獨自飛入太空。一個人在廣闊無垠、孤立無援的宇宙中生活幾天甚至更長的時間，會產生極大的心理壓力。太空人必須學習如何應對這樣的壓力。他們時常被單獨關在密閉的房間裏，依靠一些壓縮食品生活很長很長的時間。

除此之外，太空人還要接受低壓訓練、鞦韆訓練、衝擊塔訓練和攀岩、游泳、長跑等各種專業和非專業的訓練，加起來一共有一百四十多項，這些訓練都有一個共同的特點：痛苦。想要乘坐火箭擺脫地心引力、遨遊太空可不是隨隨便便就行的。要想成為一名合格的太空人，就必須在這些令人崩潰的訓練中不斷地磨練自己，突破極限。

而這遠遠不夠，太空人們還要學習航太醫學、地理氣象學、高等數學、自動控制等基礎理論課程。只有最優秀的太空人才能獲得飛入太空的資格，所以，大家都在這樣的嚴酷磨礪中咬緊牙關，一心向前，只為了有一天能夠置身於浩瀚的太空。

在五年後的一個傍晚，十四名航天員再次在學術中心講台下莊嚴肅立，他們正等待長官宣佈一個注定將載入中國載人航天事業史冊的結果。在經過五年的訓練後，他們中成績最優異的一位，將執行中國第一次載人航天任務，乘坐中國自主研發的載人航天太空船，成為第一位飛上太空的中國人。

而這次會議宣佈的人選你也一定知道了，他便是家喻戶曉的中國航天英雄——楊利偉。

# 「神五」升空

秋天的夜，北京郊區寒意漸濃。萬物籠罩在漆黑的夜幕下，享受著恬靜的睡眠。而此時的北京航天城，卻依舊燈火輝煌，工作人員正為「神舟五號」的追蹤、控制做著積極的準備。

在酒泉衛星發射中心，楊利偉早早地穿好制服，站在窗前看著幽暗的天空。他心裏是多麼激動啊，因為今天，就是自己實現夢想，進入太空的日子！但他努力壓抑住自己內心的喜悅，深深地呼吸，好讓自己能夠冷靜地處理一切。

此刻與楊利偉心情一樣的，還有發射中心內的每一位研發和後勤人員，他們都在冷靜地工作著。

研發人員們雖然內心激動無比，然而他們早已習慣克制住自己激動的心情，用冷靜的態度來確保每一次的行動都精準無誤。

而此刻我們的主角楊利偉也和他們一樣，盡全力讓自己冷靜下來。楊利偉在護送員的陪同下，進入了玻璃廳。航天員在登艙前，已做過各種消毒處理。為了防止感染，航天員不可以與外界有太多的接觸，因而圓形的會見廳被弧形的玻璃牆隔成兩部份，玻璃牆兩側的人互相能看見。會見廳玻璃牆上方的「中國首次載人航天飛行任務航天員出征儀式」十九個大字在燈光的照耀下熠熠生輝。

此時楊利偉心潮澎湃，因為再過幾個小時，中國的第一次太空之行就要開始了。他相信國家，相信航天項目中每一個辛勤勞動的研發人員。

此時，看到航天員身穿中國自主研製生產的航天服出現在玻璃廳內，等候在大廳裏的任務指揮官、發射指揮官以及部份貴賓，都報以熱烈的掌聲。而楊利偉左手拎著便攜式通風裝置，右手不斷揮動向大家致意，他堅定而剛毅的神色鼓舞著在場所有人。很快，在中共總書記胡錦濤的祝福和鼓勵下，掌聲充斥了整個會見廳，所有人的心都被帶動了起來，他們滿懷激動和興奮。

航天員內心充滿堅定的信念，時刻準備完成下一步任務。很快，「神舟五號」就要啟航了！

戈壁灘的夜晚有些涼，一望無際的荒漠上，酒泉衛星發射中心卻洋溢著熱情，因為在場的每一個航天人都熱血沸騰。在早已等候多時的歡送隊伍的致敬下，航天員緩緩走向前。

「我奉命執行首次載人飛船飛行任務，準備完畢，待命出征，請指示。中國人民解放軍航天員大隊航天員楊利偉。」

洪亮的報告聲打破了戈壁的寂靜，楊利偉的決心像利劍一般斬破了戈壁的荒涼。

「出發！」首次載人航天飛行任務總指揮李繼耐下達了出征的命令。

楊利偉登上特一號車，轉身又向在場的所有人致意。車子啟動了，在場所有人也目送著他離開。此時大家的心緊緊地連在了一起，為了同一個偉大的中國夢，為了載人航天事業的成功。

在路上，楊利偉不斷回憶起過去，想起自己曾經帶領著兄弟姊妹爬火車，還有不好好上課跑出去玩的經歷。有誰能夠預測到，這個調皮好動的孩子能夠憑藉優異的成績進入空軍部隊呢？

記得那個時候，爸爸媽媽想讓自己參加高考，以考入好的大學為目標，因此不願讓自己去參軍。自己那時候是多麼失落啊！

楊利偉想著想著，忍不住笑了出來。

望著廣闊無垠的戈壁灘，他又回憶起自己剛到航天城成為航天員的時候。當時自己是那麼笨拙，沒有一個任務能完美地完成，但是在隊友和教練員的陪伴和訓練下，此時的自己竟站上了這麼重要的舞台。

他是多麼激動啊！這麼多年的夢想，終於要實現了！

車隊很快停在了「神舟五號」的腳下，航天員將從此處進入「神舟五號」，開始他的太空征途。

站在電梯前，所有人都再次向航天員表達祝福。「明天再見！」楊利偉自信地向隊友和所有送行的人揮手致意。

而天空也漸漸泛白，一定是想與我們一同見證這個偉大的時刻。

距點火三十分鐘的口令下達後，進入倒計時，發射中心內所有的專家和測試人員都緊張地等待火箭發射的那一刻。

「9，8，7，6，5，4，3，2，1，點火！」

在倒計時聲中，火箭發射平台被火焰和煙霧包圍，朱紅的火焰周圍，濃濃的水蒸氣順著雙向導流槽噴出。火箭被緩緩托起，看上去是那麼緩慢，但卻那麼令人放心，就如同整個航天計畫，一步一腳印地往前走。幾秒鐘後，巨大的轟鳴聲響徹戈壁灘，似乎在告訴這世間的萬物，中國人終於能進入無垠的太空了！中華兒女的夢想終於要實現了！

整個發射中心的工作人員既緊張又興奮，因為他們十幾年來的付出終於結出了果實。

在巨大的螢幕上，所有人都關注著航天員是否平安。而此時雙眼緊閉、一動不動的楊利偉讓所有人的心都懸了起來，他是否有什麼突發問題出現？

你可千萬不要認為坐火箭和坐飛機一樣簡單！在剛剛起飛的時候，楊利偉整個人的狀態都如同一個鐵塊，肌肉十分緊張。然而接下來，他有新的任務要做，所以楊利偉聚精會神地盯著儀表板，手裏握著操作盒。這只是開始，如往常的訓練一般簡單，但是後面的可就夠受的了！

火箭逐漸加速，楊利偉覺得整個身體被壓力所擠壓，而在火箭上升到三四十公里的高度時，火箭開始振動並產生了共振！人體對十赫茲以下的低頻振動非常敏感，它會讓人的內臟產生共振，而且這個新的振動疊加在大約六G的壓力上，變得十分可怕。共振是以曲線形式變化的，楊利偉痛苦的感覺愈來愈強烈，五臟六腑似乎都要被擠碎了，然而他只能咬緊牙關，一秒一秒地數著，扛過這種痛苦的過程。

「1，2，3……」楊利偉似乎要將自己的牙齒咬碎一般，腦海中不斷閃現兒時的回憶：自己帶著小夥伴在葫蘆島爬火車，學電影裏的軍隊打仗，違背父母的意願參軍……每一幕都如同走馬燈一般在楊利偉的腦海裏閃現。

「20，21，22，23，24，25，26！」

在數到二十六的時候，楊利偉覺得自己就要陣亡了，然而這時，突然一切都平靜了下來。他感受到了前所未有的舒適和放鬆，一切都沉靜了下來。他黑漆漆的眼前緩緩亮起白色的光芒。楊利偉大口喘著氣，終於熬過來了。而此時整流罩打開，外面的光線透過舷窗一下子照了進來。陽光很刺眼，楊利偉忍不住眨了一下眼睛。就這一下，指揮大廳有人大聲喊道：「快看啊，他眨眼啦，利偉還活著！」所有人都鼓掌歡呼起來。

所有人這一刻都興奮不已，因為地面指揮部的人都以為楊利偉這次凶多吉少，然而一切壞事都沒有發生，「神舟五號」和楊利偉都堅強地挺過了考驗。

火箭繼續升空，楊利偉忽然覺得身體被提了起來，他明白，終於到達微重力環境了。而此時，太空船內部也出現了許多奇異的景觀：所有的灰塵都忽地浮起來了，而其他物品也都渴望向上浮起，可惜被固定帶牢牢地固定住了。但是有些繩子卻緩緩地立了起來，就如同水草一般緩緩起舞，與揚塵組成一支優雅的舞蹈。

楊利偉沉浸在這美妙的環境中。他的內心是如此快樂，因為他成功地進入了太空，成為中國進入太空的第一人！那種自豪的感情，立刻充滿了楊利偉的內心。

而太空生活，更是妙趣橫生。你是否曾模仿過航天員吃流食，把牙膏擠光，再費勁地把食物塞入牙膏管內，最後小心翼翼地把它們吃完？雖然有牙膏的味道，但內心是那麼快樂。不過我們的航天員可沒有那麼悽慘，每一個航天員都能按照自己的喜好攜帶不同風味的食物。就比如，楊利偉最愛的食物是水煮魚，所以他就帶了一些辣的食物。與此同時，他還帶上了特製的小月餅。為了能夠讓航天員一口吃掉，每一個月餅都比嘴小。航天員將月餅擺在空中排好隊，然後一口一口地把所有飄浮的月餅都吃掉。

你能猜到航天員最喜歡的食物是什麼嗎？哈哈，你一定猜不到，竟然是最普通的榨菜！

除了吃飯外，其他生活方式也都會發生變化，比如刷牙洗臉，甚至上廁所都會十分困難，但這一切都被我們聰明的後勤人員搞定了。比如我們的航天員刷牙，可以直接咀嚼一塊消毒口香糖，不過需要咀嚼五分鐘左右，口香糖的味道非常棒。而洗臉更加簡單，他們擁有一個洗臉包，只要打開它就能直接洗臉啦，它的原理就是一塊毛巾附帶著很多消毒水，只要好好地擦自己的臉就能保持衛生。

航天員在執行航天任務的時候都要時刻保持衛生，那我們是不是也應該好好地刷牙洗臉呢？不然等你在乘坐火箭飛上太空的時候，可就沒機會再用水刷牙洗臉啦。

除了這些活動外，最有趣的就是在太空中睡覺了。你有沒有幻想過在空中睡覺呢？沒有床和任何依靠，就是飄浮在空中。你一定會覺得，那肯定沒法睡覺啊，可事實上，我們是可以在空中睡覺的，不僅如此，我們還可以倒立著睡覺，是不是非常好玩？但是要注意的是，每一次睡覺的時候都要把雙手束在胸前，以免無意中碰到儀器設備的開關。在失重狀態下，人睡著了偶爾會產生頭和四肢、軀體分離的感覺。有資料說，外國曾有航天員在睡眠矇矓時，把自己的手臂當成向自己飄來的怪物，嚇出一身冷汗。所以我們在睡覺的時候，也要學會睡得規規矩矩，為將來成為優秀的航天員打好基礎。

雖然程序設定中，楊利偉有六個小時的睡眠時間，但他卻只睡了半個小時，因為他在太空中的每一秒鐘都是那麼珍貴。

突然，一道閃光嚇到了正在進行科學研究的楊利偉，這可是從未遇到過的情況，難道是外星人嗎？楊利偉立刻飄到窗邊，觀察外面，可是外面跟什麼都沒發生過一樣。會不會是太空船上的器械出現了問題？楊利偉立刻回到儀表板處檢查設備，可也顯示一切正常啊！這可不能掉以輕心，因為就算是一顆螺絲釘出現問題，都會釀成大錯，楊利偉只好不斷地檢查太空船設備，可沒有任何問題！楊利偉疑惑地再次飄向窗邊，在腦海中不斷搜尋可能是哪裏出了問題。忽然，閃光再次出現，楊利偉的目光追尋著閃光的位置，他發現，原來是地球的閃電啊！此時，蔚藍的地球被灰色的烏雲覆蓋，烏雲上方則是閃著白光的絲狀閃電。楊利偉鬆了一口氣，隨後開始欣賞地球的美妙景色。

但隨後，一陣奇怪的咚咚咚的聲音從太空船門外傳來，這可讓楊利偉的心又一下子提到了嗓子眼。這兒是太空，能有誰敲「神舟五號」太空船的艙門呢？難道，真的有可能是外星人？

楊利偉小心翼翼地飄向太空船艙門旁，思索是否應該打開門。可此時，聲音竟然突然消失了！這讓楊利偉極為疑惑，隨意打開艙門不安全，楊利偉又飄回儀表板處檢查。忽然，聲音再次響起，並且是在他頭頂的位置。楊利偉冷汗直流，這到底是什麼聲音？可突然，聲音竟然又消失了！

楊利偉緩緩靠近窗邊，想要揪出這個搗亂的壞傢伙。而此時，聲音竟然又出現在窗邊！這可正合楊利偉的意呀。楊利偉緩緩靠近，而咚咚的聲音這次沒有消失。楊利偉猛地衝向窗口，想要看清楚到底是誰，但他發現，窗外竟然什麼都沒有！

這到底是怎麼一回事呢？

而研究時間極其寶貴，楊利偉決定安心完成任務。因為就算是外星人，他相信對方也一定沒有惡意。

回到地球的楊利偉向航天技術人員彙報了這件事。在一系列的調查和實驗下，技術人員也無法確定到底發生了什麼。也許這只是艙體內壁材料在艙內壓力變化時，發生微小變形所產生的聲音，但也有可能，這真的是我們的外星朋友，在與楊利偉打招呼開玩笑呢！

二〇〇三年十月十五日，「神舟五號」太空船在酒泉衛星發射中心順利發射成功。第二天，「神舟五號」太空船成功返回地球，雖然只是短短的一天，卻是我們中華民族千百年來的飛天夢想實現的日子。

## 擦肩而過

我們身處的這個時代，正是中國載人航天事業開啟輝煌篇章的時代。「神舟五號」一躍而起，航天員楊利偉帶著中華民族千百年來的願望夢圓九天。中國人用自己的眼睛看到了太空中的地球，搭乘自己製造的火箭和航天飛行器在太空留下了我們的足跡。

這是一項對於全中國、全人類都具有重大意義的成就，人數佔全人類五分之一的中華民族終於有了走進太空的能力，從此以後，中國人進入太空的步伐只會愈來愈快，中國人的身影將愈來愈多地出現在太空中。對於第一批航天員來說，這更是一件令人欣喜若狂的大事，楊利偉的成功，檢驗了他們這十四名航天員的訓練成果，從今往後，作為中國最早的航天員，他們中的更多人將會有機會進入太空，完成一位航天員最終的目標和使命。

在「神舟五號」升空之後，隨著載人航天事業的發展，愈來愈多的科學家、實驗人員進駐航天城，許多更專業、更先進的設備儀器也被搬運進來，航天城裏日漸熱鬧。許多充滿現代科技氣息的建築物也陸續建了起來，北京航天城作為中國載人航天事業中心，規模愈來愈大了。

但在這座日新月異的航天城裏，始終有一片區域是用嚴密的圍牆和鐵絲網封閉起來的，那便是航天員們生活訓練的地方——中國航天員訓練中心。在日新月異的變化中，鄧清明和隊友們依然堅持進行著十幾年如一日的訓練。要說變化，那便是訓練的方法更加科學多樣了，訓練的儀器更加先進了。

「清明，聽說了嗎？楊利偉暫時不歸隊了。」訓練館裏，大型離心機對於隊員們來說早就不在話下了，剛從離心機上下來的陳全和鄧清明聊了起來。

「真的嗎？那小子現在可是大英雄了。」鄧清明的眼中流露出了一絲嚮往，「他成了中國第一個進入太空的人，真好啊。」

「哈哈，別鬆懈呀，咱們也可以的。你的訓練成績一直都很好，下一次的飛行任務一定會輪到你的。」作為好朋友，陳全當然知道鄧清明是多麼渴望能夠飛上太空。

「對呀，我也要堅持不懈地努力，只要提高訓練成績，我也能得到成為執行航天員並飛入太空的機會。」鄧清明暗下決心，一定要好好訓練。

楊利偉回到地球後，離開了航天員隊列，配合科學家們整理和總結他在航天任務中的體悟和收穫。在新一批航天員選拔出來之前，剩下的十三名航天員就是中國能夠執行載人航天任務的全部航天員，他們必須保持最佳狀態，時刻做好飛向太空的準備。但你可不要以為，他們每個人都能夠得到飛上太空的機會。

由於任務密度和需求受到限制，中國不可能連續多次地進行載人航天器發射，每次的載人航天任務也都不會同時送上太多的航天員，只有成績最優秀的航天員能夠飛上太空，成為真正的航天英雄。

幾個月後，第一批中國人民解放軍航天員大隊隊員之一的楊利偉再次回到了北京航天城的中國航天員中心。但此時的他已經從一名普通的隊員，成了指導專家。在太空艙返回地球的過程中，由於突發的強烈共振，楊利偉的身體受到了一定的損傷，使得他難以再次承擔航天任務。但作為中國第一位進入太空的航天員，從發射到降落，楊利偉在中國第一次載人航天飛行任務中收穫的經驗和教訓，其價值是不可估量的。在中國航天員中心，我們已經有了先進的訓練儀器，有了成套的理論體系，但始終沒有一位真正經歷過航天飛行的導師進行教學，即使有的航天員曾接受過具有航天飛行經驗的國外航天員的教導，也總會因為語言差異，無法確實詳盡地瞭解航天旅程中的經驗。

如今，航天員中心迎來了楊利偉——昔日的隊友，航天員們終於有了一位能夠結合中國自己的航天器為大家講述飛行經驗的老隊員。

鄧清明經常與楊利偉交流，每當鄧清明談到航天飛行，眼裏似乎都閃爍著光芒，楊利偉知道，鄧清明是多麼渴望能夠飛上太空，體會一次在宇宙中遨遊的感覺。

隨著載人航天工程的推進，在激烈的競爭中，二〇〇五年十月十二日，又有兩位航天員搭乘新一代載人太空船「神舟六號」飛上了太空，在太空中飛行了一百一十五小時三十分鐘。

這是中國首次多人多天的飛行任務，在這次的飛行任務中，從航天員大隊脫穎而出被選為執行航天員的並沒有鄧清明。他的老朋友費俊龍和聶海勝以全隊最好的訓練成績勝出，圓滿地完成了這次任務，為中國載人航天技術的進一步發展留下了寶貴的經驗。

對於航天員大隊的隊員們來說，在任務面前，是沒有人懈怠的。鄧清明在努力，他的隊友、好朋友們也在努力。

「加油，我的成績並不差，這次讓這倆小子搶到機會了，下次我一定能成為全隊第一，也獲得執行任務的機會。」面對著好朋友的成功，鄧清明下決心，再更加努力地投入訓練。

但暗下決心的可不止鄧清明一個人，在「神舟七號」的任務下達後，大家被告知這次的任務要選拔三名「正選」航天員和三名「備份」航天員，也就是執行航天員和候補航天員。所有人都卯足了勁訓練，希望能夠成為參加這次航天任務的航天員。

二〇〇八年九月二十五日，翟志剛、劉伯明、景海鵬搭乘「神舟七號」太空船升空。在太空船緩緩飛向太空的時候，發射基地有另外三名身穿航空服站在地面上仰望火箭的航天員，他們是這次發射任務的預備梯隊。在太空船升空之前，他們被選拔出來，和升空的三位航天員接受一模一樣的訓練，直到「神舟七號」太空船發射前夕，根據他們的訓練成績排名，最優秀的翟志剛、劉伯明和景海鵬獲得了飛上太空的機會，而另外三名航天員則成了候補隊員。在距離地球三百四十三公里的高空中，翟志剛穿著航天服，拉開了「神舟七號」太空船的艙門，進入太空，完成了中國航天員的第一次太空漫步任務。

你可能以為，候補的航天員一定比正式的航天員差勁許多。但事實上，執行航天員和候補航天員訓練成績的差距常常就在零點幾分之間，有可能是因為在離心機停下的時候心跳快了一些，在量體重時胖了幾百克，就會成為候補航天員，失去作為第一梯隊成員飛上太空的機會。

鄧清明的好友陳全就作為指令長的「備份」，站在大地上仰望著衝上雲霄的「神舟七號」太空船。雖然每位航天員在執行任務的幾週前開始，就會被嚴格監控生活，嚴格保持身體和精神狀態，但為了做到百分百保證任務順利進行，每一次的發射任務都會為執行航天員配備候補航天員。如果臨近發射時執行航天員發生意外情況，難以承擔任務，就要由候補航天員代替他升空，完成任務。只有在這種突發的情況下，陳全才有可能獲得飛上太空的機會，但在陳全的心裏，他默默祈禱著飛行任務的成功。雖然他與神舟太空船失之交臂，但太空船承載的不只是他的夢想，更是全國人民的驕傲；搭乘太空船的也不是別人，而是與自己共同努力拚搏的好隊友。

對於鄧清明來說，他的心裏更是五味雜陳。在「神五」、「神六」航天員的選拔中，他都是以細微的差距落選，沒有能夠成為執行任務的航天員。而這次「神舟七號」的任務，依然沒有他的份兒，鄧清明感到十分難過。明明自己這麼努力地訓練，為什麼訓練成績竟然不進反退呢？

但在鄧清明的心中，一直有一個清晰的聲音在勸告自己：不要氣餒，堅持下去，為了我心中的夢想努力，我一定能夠成為一名執行太空任務的優秀的航天員！

在「神舟六號」和「神舟七號」接連發射成功後，中國航天事業迎來了更快的發展。很快，在二〇一〇年，第二批航天員來到了航天城訓練中心，為中國的航天員儲備注入了新鮮血液。

而對於第一批航天員而言，他們從一九九八年入隊至今，已經經過了十餘年的艱苦訓練，但他們中的許多人，仍然沒有能夠飛上太空，一睹群星閃爍的宇宙美景，鄧清明就是其中一員。

從小就對航天抱有極大興趣，也展現出驚人才華的鄧清明，在加入空軍後，幾乎一直都是最優秀的，得到了數不勝數的嘉獎。但在加入第一批航天員序列後，面對同樣是從全國萬裏挑一的隊友，他的訓練成績總是無法達到領先的位置。

這就好像你在小學的時候一直是成績最好的，但到初中時班上有了許多成績很好的新同學，你一下子就不是全班成績最好的同學了。

面對這樣的情況，鄧清明沒有因為隊友的優秀而氣餒，而是以更高的激情投入了訓練。「神舟五號」的備選航天員沒有他，他就接著訓練；「神舟六號」的備選航天員沒有他，他就更認真地訓練。直到「神舟七號」飛行任務選拔航天員時，他依然沒有能夠從航天員隊列中脫穎而出。但同樣不懈堅持著的好友陳全已經成了備選航天員之一，雖然最後沒能成功飛上太空，但讓鄧清明再一次看到了努力訓練的重要性。

終於，努力付出有了收穫。在「神舟九號」備選航天員的選拔中，十幾年如一日堅持著訓練的鄧清明成績優異，被選中了。鄧清明暫時脫離了大隊的日常訓練，與其他五名備選航天員接受了長達幾個月的針對性訓練，詳細瞭解了本次任務的具體要求，無數遍演練了這次飛行任務的過程。鄧清明有信心，這一次的飛行任務，自己一定能夠成為執行航天員，實現自己心中飛向宇宙的理想。

內蒙古的夏天隨著一陣陣暴雨漸漸到來了，東風航天城四處瀰漫著夏天特有的悶熱氣息。在二〇一二年臨近暑假的時候，「神舟九號」發射前夕，鄧清明和其他幾位備選航天員站在訓練場上等待著宣佈結果。長官拿著經過專家們謹慎分析得出的報告宣佈：

「神舟九號」太空船的飛行任務，由航天員景海鵬、劉旺、劉洋三人執行。

鄧清明以極小的分差沒能成為「神舟九號」飛行任務的執行航天員，而完成培訓的年輕的第二批航天員中已經有兩位成了「神舟九號」飛行任務的執行航天員。

年齡成為鄧清明實現航天夢想的阻礙。作為鄧清明的好友，陳全向鄧清明吐露了心聲：「清明，我們也都不年輕了。我覺得我練不動了，再過幾年，人老了，就更沒法達到合格成績了。」但鄧清明不這麼認為，這一次，他僅僅差了零點幾分。只要他繼續努力，再進一步，他一定能夠成為執行航天員。

很快，又一次航天任務到來了，「神舟十號」太空船開始了備選航天員的考核。在訓練時沒有絲毫鬆懈的鄧清明從第一批、第二批航天員中脫穎而出，成為備選航天員，學習「神舟十號」任務的知識，鍛鍊任務需要的能力。鄧清明有預感，這次，他會成為「神舟十號」太空船的執行航天員。

二〇一三年六月，酒泉發射中心又迎來了悶熱的夏天。鄧清明再一次和另外的五位備選航天員肅立在訓練場上，再一次等待著宣佈名單的時刻。這一天氣溫很高，幾位航天員站在太陽下，晶瑩的汗水不斷從他們的臉頰、下巴滑落。作為一名合格航天員的鄧清明就算心理能力很強大，也無法抑制住他的激動之情。

從一九九八年加入中國人民解放軍航天員大隊到現在，鄧清明已經成了擁有十五年訓練經驗的航天員，成了一名丈夫和一個女孩的父親。四十七歲的他已經不年輕了，但他心中的那個航天夢依然如他少年時那樣清晰又明亮。況且，又能有幾個曾經嚮往成為一名航天員的人能像他這樣接近自己的夢想呢？

終於，長官帶著專家團隊全面、細緻的分析報告走到了鄧清明和他的隊友們的面前，緩緩宣佈：執行「神舟十號」飛行任務的執行航天員是聶海勝、張曉光、王亞平。

從「神舟五號」拉開中國載人航天的序幕，到「神舟九號」、「神舟十號」的升空，鄧清明一次又一次地與飛上太空的機會擦肩而過。在酒泉衛星發射中心的夏夜，望著天空中冉冉上升的「神舟十號」太空船，身穿厚重航天服的鄧清明悄悄掉了眼淚。

# 巾幗英雄

在中國航天員這支隊伍中，不斷有新生力量加入。在中國航天事業的快速發展中，女航天員逐漸成了其中重要的組成部份。

「長征二號」火箭的尾焰緩緩拖過酒泉衛星發射中心的夜空，將「神舟十號」太空船送向太空。近兩千公里外的北京航天城操場上，有一個英姿颯爽的身影正仰望著星空。「好姊妹，我們做到了，我們都做到了！」女航天員劉洋的嘴角露出了濃濃的笑意。

古往今來，嚮往宇宙星空的人有很多很多。從楊利偉搭乘「神舟五號」太空船進入太空開始，中國步入了載人航天時代。但從「神舟五號」到「神舟七號」，所有的載人航天任務都由男性航天員完成，在第一批航天員中也沒有女航天員，但嚮往星空的夢想，並不只屬於男生。

劉洋小的時候，生活在鄭州城區的一棟小居民樓裏。跟別的女孩不同，劉洋從小一點兒都不怕一個人睡覺，更不會因為害怕而把窗簾和被子拉得嚴嚴實實的。小時候的劉洋，睡覺時一定要把窗簾拉開，看著窗外夜空裏閃閃發光的星星，幻想著那些遙遠的星球上正發生著什麼。在沒有重力的太空裏睡覺是什麼感覺呢？宇宙中有沒有其他的生命呢？在劉洋的眼裏，宇宙充滿了神祕的趣味，掛滿星星的夜空美麗而寧靜，她總是在這樣的好奇和安寧中不知不覺進入夢鄉。

劉洋一天天地長大，隨著年齡的增長，她並沒有放下自己曾經天真單純的嚮往，相反，劉洋愈發將飛上天空甚至太空當作自己奮鬥的目標。在其他小女生看著公主童話的時候，劉洋更喜歡看漫遊星際的科幻故事；而到了高中，大家都捧著物理書死記硬背的時候，劉洋已經開始自學空氣動力學了。終於，在劉洋的刻苦努力下，十九歲那年，她考上了空軍長春飛行學院。也就是在這年，中國人民解放軍開展了選拔第一批航天員的項目，還在學校讀書的劉洋聽說了這件事，便直接跑到長官的辦公室，想要報名參加選拔。

「劉洋啊，這次的選拔，是從最優秀的戰鬥機飛行員裏挑選航天人才，對身體素質、專業水平都有極其嚴苛的考察，況且，長官的要求是從優秀飛行員中挑選，暫時不考慮女同學。妳還是先腳踏實地地學好專業知識吧。」面對辦公桌前熱切期盼的劉洋，長官語重心長地跟劉洋說道，他感到劉洋未免有點天真。

初入飛行學院的劉洋就像被澆了一盆冷水。憑什麼不考慮女同學？劉洋心裏憤憤不平，但在長官面前，這句話終究沒有講出來。那可是有機會搭乘太空船進入太空看一眼宇宙星辰的航天員啊，在劉洋的心裏，她依然像兒時那個透過窗子仰望星空的自己，從來沒有放下對宇宙的嚮往。

但劉洋也知道，就算開放對女航天員的選拔，自己的身體素質和專業能力也遠遠不足以達到合格線，況且，自己作為飛行學院的一名學生，要想進入太空，就必須先學會翱翔於天空。當年以超過合格線三十分的成績進入長春飛行學院的劉洋從來不缺乏刻苦努力的精神，她在學校裏日復一日地訓練，提高身體素質，全身心投入飛行專業知識的學習。

劉洋很快就成了一名優秀的空軍飛行員，駕著飛機翱翔在天際。得益於自己的刻苦努力，劉洋在中隊裏一直都是女飛行員中的佼佼者，大家都十分崇拜劉洋。但每一次，看著「神舟五號」、「神舟六號」太空船搭載著一批又一批航天員進入太空，劉洋都會心生羨慕：「要是能夠面向女飛行員招收航天員，我一定也有機會乘上宇宙飛船。」

事實上，由於男性和女性的生理結構的差別，科學家們需要積累更多的經驗，蒐集更多的研究數據，才能夠研究出保障女性航天員飛行安全的航天設備。因而，在中國人民解放軍招收第一批航天員的計畫中，沒有考慮招收女航天員。但「神舟五號」、「神舟六號」的陸續升空，提供了大量的載人航天實驗數據，專家們也逐步研究出了針對女航天員的保障措施。同時，經過嚴謹的論證，科學家們還證實了女性在面臨緊急情況時，比男性更沉穩、更細心的科學事實。因而，在二〇一〇年，中國人民解放軍開展了第二輪航天員選拔，首次面向女飛行員進行選拔。

終於，經過了層層嚴酷的選拔，七位飛行員從全國的候選人中脫穎而出，成了中國第二批航天員。其中，就包括兩位中國第一批女性航天員劉洋和王亞平。

在二〇一〇年的春天，劉洋搭乘著一輛巴士來到了北京航天城的指揮中心大樓，接待她和王亞平等人的，是航天城的第一批航天員之一——我們熟悉的鄧清明。

「老同志，謝謝啦！」相較於寡言少語的鄧清明，劉洋是一個熱情活潑的人。在鄧清明為劉洋和王亞平簡單介紹了航天城，並把她們帶到宿舍區後，劉洋對鄧清明報以一個微笑表示感謝。

「不客氣。」鄧清明摸了摸下巴，心裏嘀咕道：老同志？我已經這麼老了嗎？

來到北京航天城後，劉洋知道，這裏離自己的夢想已經近在咫尺了。愈是這樣，劉洋便愈努力地完成航天員的訓練。在太空任務面前，艱苦的訓練內容是沒有男女之分的，但身體相對柔弱的劉洋並沒有在訓練時喊過一聲苦，叫過一聲累。

每次訓練結束，劉洋更是珍惜利用進餐結束的時間，在餐廳向鄧清明請教訓練的訣竅和專業理論問題。鄧清明作為比她早進入中國航天城十幾年的前輩，懂得的東西可是太多了，一定要抓住他問個明白。

鄧清明十分樂於為劉洋答疑解惑，畢竟同是中國航天員，大家的肩上除了自己的夢想，還有對中國航天事業共同的責任，所有的第一代航天員都十分樂於與新來的隊員們交流自己的經驗感想。

而每當劉洋回到宿舍，第二批航天員中的另一位女航天員王亞平又會和劉洋討論很多問題，王亞平同樣渴望更快更好地學習更多專業知識。

「在火箭升空的過程中，我們的抗G服會往內部氣囊充氣，壓迫我們的身體，給身體中的血管施加壓力，保持我們的血壓平穩……」

就這樣，中國兩位首批女性航天員，憑藉著各自的堅韌和激情，在北京航天城中一步步成長。

終於，在「神舟九號」任務下達之際，劉洋被選為中國首位進入太空的女航天員。她實現了自己的夢想，飛到了太空。從二〇一〇年五月，劉洋加入中國人民解放軍航天員大隊，到二〇一二年六月十六日參與執行「神舟九號」與「天宮一號」載人交會對接任務，只隔了兩年零一個月。

而此刻，北京航天城的夜空下，劉洋仰望天際，那是她曾經去過的遼闊星空。而現在「神舟十號」太空船正搭載著自己的好室友、好隊友——中國另一位女航天員王亞平徐徐升空。經過無數研究人員和兩位女性航天員的刻苦努力，飛入宇宙星河，終於也是女性們可以企及的夢想了。

# 太空教師

二〇一三年六月十九日，「神舟十號」在太空中平靜地運行。但與往常的科學研究工作不同，「神舟十號」面臨一個更為特別的任務，那就是在第二天，為地球上的孩子們進行太空授課。

「和航天員相比，當老師的感覺怎麼樣？」聶海勝一邊準備著授課用具，一邊問著這次授課的主角——女航天員王亞平。

王亞平甩了甩馬尾辮，無奈地笑著說：「不知道，反正比航天更忐忑不安。明天要是講砸了，可就在全國的孩子面前丟人了。」

聶海勝聽了後笑了起來，對王亞平說：「妳這經歷了那麼多風雨的女強人，還能被給孩子們講課擊倒了？」

王亞平白了聶海勝一眼，笑著開始準備自己的授課教案。

雖然王亞平看上去是一個普通的漂亮女孩，但她打小就和普通女生不一樣。

來自山東煙台的她，家人都是道地的煙台人，並且是以種地為生的農民。她家的小院子十分乾淨利索，大門上貼著「勤勞能致富，德厚幸福多」的對聯。在大門的左側，還貼著一個帶「八一」字樣的「光榮人家」的牌子。在這種環境下長大的王亞平，養成了十分規矩和勤勞的性格習慣，讓她成了村裏有名的好姑娘。

對王亞平來說，一年當中最讓她開心的就是春天了，因為家裏種的大櫻桃成熟了。而每次和父母還有妹妹一起在櫻桃地裏採摘櫻桃的時候，她總是會一邊摘一邊吃，等家裏人都摘完的時候，就她嘴角沾滿了櫻桃汁。

但她很講義氣，每次偷吃櫻桃都不會忘記妹妹，總會藏一把在褲兜裏。等忙完了一天，到夜裏了，再悄悄地叫上妹妹，兩個小女孩溜到院子裏，一邊看著璀璨的夜空，一邊坐在櫻桃樹下「分贓」——吃櫻桃。

父母當然都會自覺地當作什麼都沒發生一樣，讓姊妹倆好好「偷吃」一頓來獎勵她們一天的勞動。

日子就這樣一天天地過去了，無憂無慮的兩姊妹漸漸長大，姊姊王亞平也到了上學的年齡。本來擔心女兒學習成績會有問題的父母發現，王亞平似乎天生就是念書的料，不僅在小學、初中、高中都是年級第一名，她還一直都是班裏體育成績最好的，甚至在參加第七批女飛行員選拔的時候順利通過了體檢。

王亞平一開始是不想去的，因為招收人數非常少，報考人數還非常多。王亞平本來只想安安心心高考，然後考一個好大學就行了，不過在同學們的慫恿下，她還是報了名。沒想到這一報名，竟然一路過關斬將，通過了學校、煙台市甚至濟南的大體檢！而這代表著，只要王亞平高考成績達標，就能夠成為中國人民解放軍空軍的一員了！

而對於成績優異的王亞平而言，這實在是太簡單了。一九九七年的八月份，王亞平成了中國第七批女飛行員中的一員。帶著美好的願望和父老鄉親的期許，王亞平來到了空軍長春飛行學院，開始了她的軍旅生涯。

但第一天她就遭遇了挫折，因為所有女兵都要剪去長髮，留起統一的像男孩一樣的短髮。不過王亞平並未放在心上，畢竟更重要的是訓練和航空理論。由於從小在農村長大，王亞平的體育成績非常優秀，所以在訓練之餘，她還學習了大學文化課程。到了一九九八年，年僅十八歲的王亞平就獲得了試飛機會。

對於王亞平來說，她也許無法體驗和其他女孩一樣的生活——逛街、購物、談戀愛……但是，王亞平也收穫了其他女孩無法擁有的生活經歷，那就是駕駛飛機在天空中翱翔。不僅如此，她在訓練之餘還努力學習，獲得了軍事學學士學位，並在二〇〇八年參與執行了汶川抗震救災等重大任務。

而此時的王亞平，正在「天宮一號」艙內準備著太空授課的內容。她拿出六天前的信件，仔細地閱讀起來。

那是世界上第一位在太空授課的美國女教師——美國航太總署前航天員芭芭拉·摩根給她寫的信，代表全球師生向她表達祝福。

明天就是授課的日子，王亞平有些緊張，但更多的是喜悅與興奮。

第二天，「天宮一號」的太空課程開始了。接通地球和「天宮一號」的網路，這樣就能在鏡頭面前給地球上的孩子們講課了。而地球上的孩子們面對一塊巨大的螢幕，就能看著王亞平姊姊在「天宮一號」內為他們講解知識點了。

對於一個老師而言，學生們的反饋是最重要的，空對著一台攝影機講課，自己心裏會愈講愈沒底。聶海勝在一旁安慰王亞平說：「想像一下，如果妳對著的都是家裏人，這樣是不是好多了？」

王亞平笑著點點頭。

快到上課的時候了，王亞平清了清嗓子，挺直腰板，準備上課了。

攝影機此時自動開機，紅色光點開始閃爍。

王亞平露出自信的笑容，說：「同學們，你們好！我是王亞平，本次授課由我來主講。」

聶海勝在一旁接著說：「大家好，我是聶海勝，擔任本次飛行任務的指令長。」

張曉光也向鏡頭招手：「大家好，我是張曉光，本次太空任務，我是攝影師。」說完開始準備攝影工作，我們的太空教師王亞平也開始正式授課。

「現在我們是在距離地面三百多公里的『天宮一號』上向大家問好。同學們都知道，失重是太空環境裏最獨特的現象。那麼首先呢，讓我們的指令長來給大家做幾個高難度的動作。」

指令長聶海勝興致勃勃地給同學們表演了「懸空打坐」，而王亞平接著使出了「大力神功」，輕輕一推就讓聶海勝在空中緩慢地翻了幾個筋斗。妙趣橫生的開場，把地球上的小朋友逗得哈哈大笑。

那麼問題來啦！「失重了，我們身體的質量是不是也沒有了呢？要是能測量一下就好了！」王亞平笑容可掬地對大家說：「在生活中，你們都是怎樣測量物體的質量的？」

這個時候，在地球上，有的小朋友提出用天平測量；有的說可以用體重秤測體重，還可以學曹沖稱象測重物；還有年齡大一點兒的同學提出利用動量守恆定律來測質量。

「那麼在地面上測質量的方法，在太空中還有效嗎？」王亞平老師展示了兩個一樣的彈簧，彈簧的底端分別固定了兩個質量不同的物體。「如果是在地面，由於兩個物體質量不同，所以兩個彈簧的伸長量肯定是不同的。但是現在，兩個物體卻停留在了同一位置，彈簧無法顯示出兩個物體質量的不同。」

那麼問題又來了，王亞平俏皮地一笑：「那麼在太空中，我們航天員想要知道自己是胖了還是瘦了，該怎麼辦呢？」王亞平終於展示了專門在太空中測質量的工具——質量測量儀。

這時候，指令長聶海勝又出馬了，和王亞平一同演示如何使用質量測量儀測質量。聶海勝飄浮了起來，將自己固定在了質量測量儀上。然後，王亞平將連接運動裝置的鋼絲繩拉到指定位置，將手一鬆。「拉力使它回到了初始位置，這樣就測出了他的質量。」攝影師張曉光湊了過來，用特寫鏡頭向全球的小朋友揭開了祕密：嘿！原來指令長的質量是七十四公斤。

王亞平再次面向鏡頭，循循善誘般地問道：「同學們，你們想想看，我們這台質量測量儀依據的是什麼物理原理呢？其實就是我們學過的牛頓第二定律。我們知道，物體所受到的力等於它的質量乘以加速度。那如果我們想辦法測出力和加速度，就可以算出它的質量了。」王亞平耐心地講了質量測量儀巧妙的設計原理，讓同學們大開眼界，學會了這個好方法。

思考題來了。「在太空中，除了可以用這種辦法測質量，還有什麼辦法可以測質量呢？」王亞平老師給了大家一點兒小小的啟發，她拿過剛剛展示過的兩根彈簧，接著將彈簧上的兩個物體拉到同一位置，然後鬆手。「咦，同學們，你們看到了吧？兩個物體的振動頻率明顯不一樣，這一現象與地面上是完全一樣的。」王亞平微微一笑，「那麼，同學們，你們想想看，我們可不可以利用這一現象來設計出一種測量質量的方法呢？」這個問題就留給小讀者一起來思考吧！

下一個演示開始了。

王亞平又拿過一個倒L形支架，支架上繫著一根繩，繩上懸著一顆小球，這就形成了一個單擺。原來王亞平老師這次要演示的是單擺運動。

只見王亞平將支架固定在桌面上，將小球與支架豎軸拉開一段距離。「同學們想一下，如果此時我鬆手，小球會出現什麼樣的現象呢？」王亞平將手鬆開，「咦，它並沒有像在地面上一樣擺動。」再拉高一點兒呢？還是沒有。這是為什麼呢？

王亞平老師揭曉答案了：「因為在太空中，小球處於失重狀態，沒有了重力，所以不能像在地面上一樣擺動。」

「那麼如果我們推小球一下，小球又會如何運動呢？」王亞平捏住小球，拉直細繩，輕輕一推，只見小球圍繞擺軸做起了圓周運動。向上調整懸桿的角度，再推小球，小球依然做圓周運動。「這是因為，小球在太空中處於失重狀態，即使我們給小球一個很小的初速度，它也能繞擺軸做圓周運動。但是在地面上，卻需要一個足夠大的初速度才能實現。」王亞平老師解釋道。

孩子們恍然大悟。

接下來，王亞平又為孩子們展示了在太空中旋轉的陀螺、與在地面截然不同的方向感、漂亮的大水珠、結實的水膜，還把水膜變成了一個亮晶晶的大水球……這些奇妙的現象讓孩子們驚訝極了，對神祕的太空充滿了嚮往。

時間過得很快，馬上就要到下課的時間了，可孩子們還有太多的問題沒有問完。在課程的最後，三位航天員將鼓勵和祝福送給了正在觀看的小朋友。

王亞平盯著攝影機，此時的她感覺自己面對的是一雙雙渴望知識的眼睛，直到攝影機的紅色指示燈停止閃爍，她才鬆了一口氣。

此時聶海勝笑著跟王亞平說：「唉，剛剛還安慰妳，沒想到我上場的時候比妳還緊張呢！」

王亞平噗哧一笑：「哈哈哈，你以為我沒問題啊？我都要嚇死了，憋到現在才敢鬆一口氣。真沒想到我們幾個航天員能被教課難倒呢！」

三個人都捧腹大笑，整個「天宮一號」艙內都迴響著他們爽朗的笑聲。

太空授課，讓更多的孩子瞭解了太空任務是一項多麼偉大而又有趣的事業，而在他們心中，也一定會和航天英雄小的時候一樣，埋下一個飛向太空的夢想吧！

# 告別好友

空氣中飄蕩著淡淡霧氣。對於在這裏居住了幾年的鄧清明而言，這是常有的現象，因為清晨的郊區在山林的包圍下，總是會生成霧氣，但他內心更加牽掛的是，第一批航天員退役的時刻到了。

與其他職業不同，航天員退役後可以自願選擇留下繼續工作，直到年齡達到最終的標準年齡。然而一般航天員在飛天後就會選擇結束航天員生涯，這是為了能將飛天的機會留給其他的航天員，也是因為自己的年齡漸長，身體機能逐漸下降。

鄧清明站在宿舍的窗前，默默看著陰沉的天空，霧氣似乎瀰漫進了他的胸膛，氤氳成一片陰影，覆蓋了他曾經光明的內心。

「我是不是也應該退役了？」

鄧清明陷入沉思。對他而言，只要還沒有完成飛天夢想，就不能有退役的想法。但是，和自己同一時間進入航天員大隊的隊友們，都已經漸漸地退出了航天員隊伍，只有自己一個人一直以候補狀態待到現在。

下午就是退役儀式了，鄧清明為了紓解悲傷，選擇了繼續訓練。

失重飛機對於鄧清明來說非常簡單，畢竟作為一個優秀的飛行員，將飛機拉起後立刻低頭垂直降落，在操作上十分簡單。然而這個訓練的難點不在於操縱飛機飛行，而是在於飛機垂直降落時的失重感該如何調整。記得第一次，鄧清明緊緊地抓住駕駛艙內的架子不敢鬆手，後來才慢慢習慣，直到如今變得輕而易舉。

你一定坐過雲霄飛車，在坡度較為緩和時你可能敢把雙手鬆開，然而在坡度極陡的情況下，你一定只會牢牢抓緊不鬆手。

訓練很快結束，鄧清明聽到了一個熟悉的聲音。

「清明，還在練習呢？」

鄧清明回頭，發現原來是自己的好友陳全。「你也來訓練了？」

陳全卻笑著說道：「我是最後一次來看看我訓練的地方。」

鄧清明已經想到了答案。今天下午，陳全會選擇退役。而在役的中國第一批航天員，將只剩下鄧清明了。

認識陳全，是在第一次到達訓練場的那天。那時候的鄧清明懷揣著飛天的理想，希望成為第一批飛上太空的航天員，然後回家鄉好好地陪伴父母。他總是默默地完成所有訓練，而陳全卻愛說愛笑，是個陽光大男孩，為團隊增添了不少歡樂。

鄧清明對幽閉空間訓練印象深刻，冷靜而自律的他更擅長應對體力、智力的考驗，第一次進入幽閉空間的他，只能堅持十幾分鐘。

結束了幽閉空間的訓練後，鄧清明的分數依舊低於陳全。鄧清明向陳全詢問幽閉空間訓練的技巧。

「訓練技巧？不用訓練啊，你只要能夠打開自己的心扉就可以。」那時候的陳全笑著說道。

而對於鄧清明而言，這卻是一句無用的話。什麼叫打開自己的心扉？什麼叫不用訓練？若是不用訓練，我們為什麼要開設幽閉空間的訓練項目呢？鄧清明不大高興地離開了，因為這時候的他認為，陳全根本不重視這個訓練。

楊利偉飛天結束後，中國的太空船能夠搭載多人飛天，為了鍛鍊航天員的協作能力，幽閉訓練漸漸變為兩人一起訓練。

而第一次的訓練，便是鄧清明和陳全搭配。

穿好航天服的陳全衝著鄧清明笑道：「這下好了，有人陪我，能一起聊天了，比以前容易多了。」

訓練開始了，測試人員關上了訓練室的大門後，鄧清明和陳全的世界一片漆黑。不僅僅是眼前一片漆黑，連聲音都聽不見，兩人只能夠聽到輕輕的呼吸聲和心跳聲。

陳全率先打破沉默：「清明，你老家在哪兒啊？」

「江西。」鄧清明答道。

「哦，我知道，瓦罐湯和滕王閣嘛，好地方！等咱倆退役了，我就去江西找你玩。」陳全笑著說。

「對了，你是為什麼想當航天員的？」鄧清明問道。

「我？一開始沒想法。」陳全笑呵呵地回答。「我一開始就想當兵，不讓家裏人管我。可是誰知道我還挺幸運，挺會開飛機，然後發現還挺會學習。來到這裏以後我才發現，我做的這件事情是多麼偉大，有那麼多的人為這個事業而獻身，我就覺得我一定不能辜負他們。那你是為啥呢？」

鄧清明說：「因為我的夢想就是翱翔在太空，所以我一開始當空軍，就是想接近天空。後來知道有航天員這一行，就決定當航天員。這是我一生的夢想。」

「厲害！一定要加油啊，你一定能成功的！」陳全鼓勵鄧清明，讓鄧清明的內心溫暖了一些，「但我也不會懈怠，我們爭取一起成為飛天的航天員吧！」

「可我幽閉訓練分數並不高，我也不知道該怎麼提升。」鄧清明依舊為此而苦惱。

「沒問題，我說過不用太在意訓練，真正重要的是放鬆心情。當你徹底放鬆下來的時候，你會發現你能夠和自己對話，那時候，你的內心就沒有任何煩惱了！而不斷地放鬆自己的內心，就是我的訓練。」陳全自豪地說道。

鄧清明感受到了陳全身上不一樣的氣息，如同清晨的太陽一般能夠溫暖他人。

就在兩人的聊天中，幽閉訓練很快就結束了。對鄧清明而言，更重要的是他結交到了一位真正的好朋友。

回到此時此刻，鄧清明和陳全沉默著站在窗前看霧。

陳全像往常一樣打破沉默，說道：「走吧，退役儀式就要開始了。你不送送我？」

鄧清明轉身笑道：「怎麼可能不送？你可是我的老隊友！我肯定要送你在航天城的最後一程。」

訓練場的霧氣愈來愈濃，不知何時才能迎來新的陽光。

兩人緩緩走入學術大廳——那個他們加入中國航天員大隊的地方。鄧清明依舊記得那時，長官在紅旗下為他們頒發了代表榮耀的航天員徽章。

此時此刻，如當初一般莊嚴與正式，其他新航天員也肅立兩旁，而準備退役的陳全等幾位航天員則站在中間，等待長官的到來。紅色國旗在他們身後的牆上注視著這批為航天事業奉獻了大好年華的鋼鐵戰士。很快，長官便打開了門，來到了他們中間。

長官站在大家面前，緩緩地握起拳頭，抬到太陽穴的位置。而退役人員也握緊拳頭，面對著長官，喊出了當時進入航天員大隊的誓言，只不過，這一次是他們光榮退役！

在慷慨激昂的宣誓聲中，在場所有人都流下了眼淚。而此時，窗外卻照進了一道金光，原來是太陽光穿透霧氣照進來了，整個學術大廳內充滿金色和紅色的光芒。

在退役儀式結束後，退役航天員們摘下了航天員徽章，代表他們完成了光榮的使命。

此時，陳全忽然轉向了鄧清明，直視著鄧清明的眼睛堅定地說道：「清明，我比你先退役了，你是首批現役航天員中唯一沒有執行過飛天任務的，不要放棄，堅持下去，你的夢想一定會實現的！」

兩人緊緊地擁抱，因為這一分別，也不知何時才能再相見。但是鄧清明的內心卻不再因摯友的離開而感傷，因為他知道，他此刻不應該沉湎於悲傷的情緒中，而是應該調整好心態，繼續訓練，好在下一次選拔中，成為一名真正飛天的航天員。只有這樣，才能讓摯友的祝願真正實現。

此時，鄧清明也準備好了迎接下面的挑戰。因為他早就知道，迎接自己的，不是鮮花和掌聲，而是在沒沒無聞中，接受日復一日的更為嚴酷艱難的訓練。只有成為一名最優秀的航天員，才能乘坐中國製造的太空船進入深遠浩瀚的太空。

## 新的起點

暖黃的光線照耀著訓練大廳，大廳內散發著淡淡的陽光的香味。

所有航天員都沉默地等待著這一次的考核結果，尤其是長期作為候補航天員的鄧清明，他是那麼熟悉這個訓練大廳，空曠，質樸，嚴肅。

你記得被考試煩擾時的心情吧？在夜晚的檯燈下，在鉛筆與紙張的摩擦聲中，不斷地溫習明天可能會出現的考試題。你一定會既煩惱又焦急，因為明天考試的成績不好，之前的時間可就都白費了。

但是偷偷地告訴你，別看鄧清明那麼冷靜，其實他此時的心情比那時候的你更著急，他是多麼渴望飛向太空啊！

就算是穿上一百六十公斤重的航天服進行精細操作，或是在剛剛坐完失重飛機後立刻坐下來開始算一些數學題，又或者是在一片黑暗中與自己對話一整天……這些考驗和歷練對鄧清明來說都算不上什麼，因為遨遊在太空並在太空遙望地球上的神州大地是他一生的夢想。

你是否有過考試失利的情況？就算一次沒考好，可很快還有機會。但是鄧清明就沒有那麼輕鬆了，因為他不知道如果自己在「神舟十一號」的航天員選拔中落選，下一次的神舟號飛行任務會是在什麼時候，而已年過五十的自己還有沒有機會參加選拔。背後冷冷的汗水滲透了襯衫，他渴望長官能夠來得慢些，好讓他有足夠的時間讓自己放鬆下來。

門響了，所有航天員都齊刷刷地看向門。長官終於來了。

在清晨的陽光下，一切都是那麼溫馨。

鄧清明回憶起十幾年來，每一次在這裏擁抱隊友並恭賀他們成為代表國家出征的航天員時，自己既快樂又有些不甘的心情。他高興自己的隊友能夠實現夢想，代表國家在太空中執行科學研究任務，但又不甘心自己投身航天事業那麼多年，卻不能真正地坐在神舟太空船裏，在宇宙中翱翔。

長官公佈了這一次的入選名單。

「景海鵬，陳冬，恭喜你們兩個人，以這次考核前兩名的成績，代表我們國家飛向太空！」

長官短暫而堅定的話語聲落下後，整個訓練大廳都安靜了，只剩下了心跳和呼吸的聲音。因為大家都知道，在場有一個付出了十幾年努力的人，是那麼渴望入選。而這次的考核，鄧清明也許只是差了零點一分！

長官深深知道這份沉默的由來，他心裏也替鄧清明難過，可是考核就是考核，不能感情用事，改變標準。

長官說：「清明，你有什麼想說的嗎？」

鄧清明緩緩地站起，眉頭微鎖地凝視地板，沉默不言。忽然，他眉頭緩緩鬆開，轉身面向身後的海鵬，緊緊地抱住了他，說：「海鵬，祝賀你！」而景海鵬也立刻抱緊了鄧清明，大聲地說道：「謝謝你，兄弟！」此刻，整個訓練大廳的人都帶著淚水大喊：「清明，加油！」

窗外，深邃的碧藍天空，雲捲雲舒。

飛機很快就降落在了鄧清明的家鄉——江西的機場。下了飛機的鄧清明一眼就看到了自己的妻子——那個人群中抱著一束鮮花的紅衣女子。鄧清明回憶起，每一年妻子都會穿著紅色的衣服，手抱鮮花，等待自己回到家中，和女兒一起吃上一頓餃子。妻子緊緊擁抱鄧清明，彷彿是世界上最幸福的女人。

妻子說：「老公，我們快回家吧，女兒還在家裏等你呢！」

鄧清明呆呆地「嗯」了一聲，心中五味雜陳。

一路上妻子沒有過問任何有關考核的事情，只是輕輕地問他吃得還好嗎，睡得如何。

而鄧清明也只是簡短地回答：「都好，只要妳和女兒快樂，我就很幸福。」

鄧清明沒有說謊，只是心裏總有一些遺憾。

家在簡易的小區中，停罷車後，夫妻二人緩緩上樓。鄧清明跟在妻子後面，懷裏捧著花束。他心裏有些小小的害怕，他不知道該如何向正在等待自己回家的女兒交代，難道和她說：「爸爸又沒被選上？」或是沉默？

那女兒該有多麼失望啊！因為女兒繼承了自己的航天夢，她是多麼希望自己的父親能夠飛上太空啊！

鄧清明愈想愈難過，頭愈來愈低，盯著台階不敢抬頭。他的內心升起一片陰霾，他甚至希望上樓的樓梯能永遠走不完。

但清脆的開鎖聲將鄧清明喚醒，到家了，妻子緩緩走進房門。

而鄧清明抬頭時發現屋內沒有開燈，一片黑暗。忽然，所有的燈都亮了，如生日宴會一般驚醒了恍惚中的鄧清明。客廳的餐桌上擺著幾盤餃子，而此時，女兒用溫婉而堅定的聲音突然說道：

「歡迎我的英雄爸爸回家！」

鄧清明的眼眶紅了起來。他是那麼愧疚，為自己在樓梯上所想的一切而愧疚。

而妻子也走到女兒身邊，對他說道：

「老公，你就是我和孩子的英雄！」

鄧清明再也忍不住了，立刻衝向洗手間。他很愧疚，因為自己不能把榮耀帶回家，送給等待自己回家的兩個天使。

女兒卻乖巧地在洗手間門外說道：「爸，吃飯吧。」隨後女兒打開了洗手間的燈繼續說道：「沒事的，爸，我想告訴你，無論如何，還有我和我媽陪你呢！再說了，你就不想吃我和我媽給你包的餃子嗎？航天員的飯有那麼好吃嗎？」

媽媽將手緩緩放在女兒肩上，一起在門口默默地等待鄧清明。

鄧清明打開水龍頭洗了把臉，堅定地看著鏡子中的自己，露出了溫馨的笑容。洗手間的門打開了，鄧清明的臉龐掛滿水珠，幸福地對女兒說道：「航天員的伙食當然好吃了，但哪裏比得上家裏人做的餃子呢！」

妻子和女兒露出無比幸福的笑容，牽著鄧清明坐上餐桌，開始一邊吃一邊聊天。而此時的鄧清明，也鬆開了緊繃的心弦。

小小的客廳內洋溢著屬於一家三口的幸福和歡樂的氣息，在這個平常的日子裏吃著餃子，卻擁有了比節日更濃厚的溫馨氣氛。

鄧清明的心慢慢地熱起來，他發現這十八年來，除了艱苦的訓練和一次次的落選外，還有賢惠的妻子和可愛的女兒在家中等待著他。無論是成功還是失敗，她們都將自己看作世間最偉大的英雄。那麼，就算這次落選又能怎麼樣呢？能夠成為世界上最好的妻女心目中的英雄，難道不已經是最偉大的英雄了嗎？

夜裏，鄧清明站在窗前，看著被璀璨的星星點亮的夜空，回憶著這一天所發生的事情，心裏更加溫暖和堅定。

他的隊友們還在等他，不斷地為他加油打氣，等他回到航天員中心繼續訓練，直到通過選拔的那一天，和那些已經飛天的隊友一起把酒言歡。

家中的妻子女兒也在等他，等他從真正的太空艙走下來，講述浩瀚太空中的種種趣事。他也等待自己能真正地以航天英雄的名義把花捧在懷中。

鄧清明深知自己不會放棄，就如兒時走夜路一般，也許現在還是黑夜，但這並不代表光明不會照耀自己。只要自己一步一步地向前走，他終究會和兒時一般，最終走到自己的目的地。

鄧清明看著夜空中閃爍的星光，將航天這顆種子埋在心中，他知道自己明天將繼續前行，回到航天員中心繼續訓練。

因為他知道，他的航天征途尚未結束。

# 心中英雄

當你仰望頭頂的星星時，你也許不知道，那些若隱若現的小光點，往往比地球大很多倍。我們平時看到的星星，都是太空深處明亮的星系中巨大的恆星。每一個星系，都有無數的恆星，而每顆恆星周圍，都有許多像地球一樣的行星。你抬頭仰望，能看到成千上萬顆星星，但它們與你所站立的地方卻相隔很遠。

這是一個多麼浩瀚的宇宙呢？如果你把全世界每一顆沙子都數清楚了，它們加起來的數量也不到全宇宙所有星球數量的十分之一。在電影裏，你可以看到未來的人們搭乘太空船穿梭在宇宙中，和宇宙深處的各種生命打交道。但在現實世界裏，我們絕大多數人依然無法離開地球，進入宇宙中親身感受它的浩瀚。

而地球上那些最幸運的英雄，他們飛出了地球，進入太空遨遊！對他們來說，那不僅是一次激動人心的夢幻之旅，更是他們的使命。英雄們懷著一腔熱血，以最飽滿的身心狀態接受最嚴酷的訓練，為的就是有朝一日能搭乘太空船進入太空，去實現整個人類的夢想。

二〇一八年初，北京再次下起了小雪。漫天的雪花飄舞著，在燈光的照射下，好像亮晶晶的星星，籠罩在北京航天城的上方。伴隨著中國載人航天事業的發展，從一九九六年建成至今，北京航天城已經從一個低調、隱祕的園區轉變成了一個承載著中國航太事業輝煌成就的地方。

在燈火通明的北京航天城中，不知道有多少宇宙學家、動力學家、生物學家在夜以繼日地推動著人類航太事業的發展。而在航天城中心訓練基地中，中國第一批、第二批航天員也日復一日地接受著高強度的航天員專業訓練，為每一次的飛行任務做好充份的準備。

此時，在園區的馬路上，一個孤獨卻挺拔的身影緩緩地行走著，深色的衝鋒衣上落了密密的一層雪花。如果你恰巧也在這條路上走著，會與他打個照面，但你不會認出這個人是誰，因為他對於很多人而言，只是一個陌生的面孔。在北京航天城生活、訓練了二十年，這二十年裏，他的隊友們，例如楊利偉、翟志剛、費俊龍等，都成了家喻戶曉的航天英雄。

正是鄧清明走在園區！曾經與他共同戰鬥的隊友很多選擇了退役，離開航天城，過上了沒有那麼緊張、不必天天進行嚴酷訓練的日子。但鄧清明選擇留在這裏，他是中國第一批航天員裏，到現在為止仍然沒有執行過航天任務的唯一現役航天員。

鄧清明穿過操場，來到了指揮中心大樓。天上依然飄著小雪，鄧清明還記得，在他成功通過考核，到北京航天中心報到的那天，天上也下著雪。從全軍飛行員中經過層層選拔脫穎而出的十四位飛官成了中國第一批航天員。

那時的鄧清明，滿懷著對浩瀚星空的憧憬，立志一定要搭乘宇宙飛船，飛到地球之外，在太空中留下自己的身影。但時至今日，隨著隊友們一個又一個地完成太空任務，或是離開了這個隊伍，作為「神舟九號」、「神舟十號」和「神舟十一號」的候補航天員，鄧清明一次又一次地站在地面上，保障隊友們執行任務，而自己卻無法真正地乘坐太空船，置身於美麗的星空。

鄧清明進入大樓，推開指揮中心辦公室的大門。

「清明，我們中央的新聞媒體想要邀請你做一期訪談節目。」長官開門見山地告訴鄧清明找他來的目的。

以往這樣的採訪活動，經常邀請成功執行載人航天任務的航天員們，他們所說的話，也常常給鄧清明鼓勵和啟發。那些情景，鄧清明還歷歷在目。

作為中國第一位飛上太空的航天員，楊利偉可能是被採訪次數最多的。

提起自己的航天夢想，楊利偉爽朗地笑道：「我從來沒想過我能走到這一步。不過能夠代表祖國飛往太空，真的是我一生的榮幸！誰能想到，那個時候我的夢想只是做一個火車司機？」

有一位觀眾向他提問，他的名字為什麼叫楊利偉。

楊利偉笑道：「我父母給我起的名字，立就是立起來那個『立』，後來呢，我上小學的時候，覺得勝利的『利』更好，然後就變成這個勝利的『利』了。」

「那你小時候學習成績怎麼樣呢？」

這時候的楊利偉笑得跟孩子一樣，說：「你們肯定不相信，我那時候是班裏最淘氣的，不過學習成績還不錯，我想，這和我的心理素質很有關係。中國航天員中心的很多專家給我的評價是『心理素質好』，專家們認為我屬於那種不受干擾型的。專家們精心設置的許多陷阱，我基本上沒有掉進去過。經常在考完後，現場教練員問我：『你認為你的操作有失誤嗎？』我對自己是有把握的，每次總是不假思索地回答：『沒有失誤！』我的確沒有失誤，他們是在考查我的心理素質和自信心。」

的確，正是專業的技術和艱苦的訓練給了這些像楊利偉一樣的航天員足夠的自信心。

劉洋作為中國第一位女性航天員，也被多次採訪過。

許多觀眾都記得，劉洋在太空中騎「自行車」、練太極拳的情景。

提起自己的航天夢想，劉洋不禁感慨道：「從小時候開始，我一直覺得當一個飛行員、航天員不是只有男孩子才能提及的夢想，所以我一直不斷地努力鍛鍊、訓練，但是當我真的成為一名飛行員，真的成為一位進入太空的航天員以後，我又覺得有點不真實……」

劉洋的真誠和親切感染著大家，許多觀眾聽到這樣一位倔強的女性為了航天夢想堅持不懈，終於進入太空的歷程，既欣慰，又感動。

而這一次媒體卻找上了從未執行過航天任務的鄧清明，這讓他有些不解。

「節目組想邀請你在節目中分享航天員的生活和太空夢想，尤其是你能夠一直堅持夢想的力量。」

夢想？是的！這就是支撐著鄧清明堅持到現在的最重要的理由。

「好的，我接受節目組的邀請。」

鄧清明被邀請參與《朗讀者》讀書節目。在每一期節目中，節目組會邀請特別的嘉賓，分享自己的經歷，分享自己的閱讀感悟。

去往演播室的路上，鄧清明透過車窗，看到日新月異的北安河邊上，已經不再是一片荒涼，一棟棟高樓大廈建了起來，路上的車輛來來往往，川流不息。這二十年來，不只是載人航天事業，中國各方面都在發生著翻天覆地的變化。

當主持人邀請自己出場，鄧清明的心臟撲通撲通地猛跳，但鄧清明心中想著，自己這麼多嚴酷的訓練都堅持過來了，怎麼能在這樣的時候怯場呢？鄧清明讓自己鎮定下來，走上了台。

從一九九八年到二〇一八年，二十年過去了，鄧清明接受了不計其數、各種各樣的培訓，無數次為發射做準備，但至今還沒有飛上太空。

航天部隊有著嚴格的保密條例，除了經過批准的新聞播報外，公眾難以獲得航天員的資料。沒有執行過航天任務的鄧清明，對於大多數觀眾來說是陌生的。

然而，當鄧清明走上台的時候，台下卻爆發出了熱烈的掌聲。原來，主持人已經把他的事蹟介紹給了大家，現場的觀眾對於這樣一個堅持在航天員崗位上的英雄十分欽佩。

二〇一八年是鄧清明在中國航天大隊的第二十年，主持人問鄧清明：「您還記得二十年前的一月五日這一天的情景嗎？」

那一天，對於鄧清明來說，注定是一輩子都無法忘懷的日子。他告訴主持人：「那天的情景，就像烙印一樣烙在我的心上。中國航天員中心裏有一個學術大廳，一九九八年的那一天，學術大廳主席台的後面佈置了一面非常大的國旗。我和第一批航天員隊友們對著國旗莊嚴肅立，宣誓自己將為祖國的航天事業無私奉獻，不怕犧牲，願為航天事業的發展奮鬥終生。那個時候，我看著台上的五星紅旗，不由得心跳都加快了許多，在宣誓儀式結束後，在國旗上簽下自己名字的那一刻，我的手都是抖的。」

從一九九八年開始，直到二〇一〇年，鄧清明才第一次進行飛天任務的準備訓練。每一次載人航天飛行任務，都必須由訓練成績最優異的航天員擔負。在準備訓練階段，為了保險起見，訓練基地一般會選出兩倍的航天員人選進行訓練。在確定執行航天員和候補航天員之前，大家接受的訓練強度和標準都是一樣的，只有始終保持非常優秀的成績、最佳的狀態，才能進入執行任務的梯隊。

能夠成為接受飛天任務準備訓練的一員，就已經證明了鄧清明作為一位優秀的航天員，足以承擔飛天任務。但可惜的是，在「神舟九號」、「神舟十號」和「神舟十一號」航天員的最終選拔中，鄧清明都因極其微小的差距成了候補航天員。

在主持人的追問下，這二十年來在航天城訓練的點點滴滴逐漸浮現在了鄧清明的眼前。

「在第一次落選的時候，我並沒有太多的難過，我只是覺得自己離夢想又進了一步，在下一次飛天任務到來的時候，自己一定能夠更進一步，進入執行任務的梯隊……」鄧清明輕輕地講述著自己的歷程。

但在「神舟十號」的飛行任務中，鄧清明再一次因微小差距而留在了候補梯隊。那個時候，鄧清明已經四十七歲了，他不知道下一次航天任務會在什麼時候，而自己的許多隊友也都因為年齡的問題而選擇離開了航天員隊伍。

「在隊裏，我最好的朋友陳全在離隊的時候找到了我，他告訴我：『不管正選備份，都是航天員的本份，老鄧啊，你現在是我們航天員大隊第一批成員裏唯一一個沒有執行過任務的現役航天員，一定不要放棄。』我更知道，飛入浩瀚的宇宙是我這麼多年來的一個夢想，於是我一直堅持留在隊裏，沒有離開。」

「當『神舟十一號』執行任務的名單宣佈時依然沒有您的名字，您當時是什麼樣的反應？」主持人問道。

鄧清明頓了一下，緩緩地說：「我記得當時宣佈的結果是景海鵬和陳冬去執行的時候，我的心確實是蒙了一下，整個大廳都靜得出奇，在場大部份人都把目光集中在我身上。長官也看著我，想讓我說兩句話。可是我竟然一時想不到該說什麼，我就抱住了一旁一句話不說的景海鵬。在場許多人都哭了。」

聽著鄧清明緩緩的講述，觀眾們能夠清楚地感受到鄧清明平穩的話語中飽含的是二十年來的汗水、夢想和遺憾，對他肅然起敬。當年第一批十四位航天員中，有許多人都因為年齡問題選擇了離隊，但鄧清明留了下來，帶著對星空的嚮往和對國家航天事業的責任感，繼續接受著一年又一年的嚴酷訓練。

在與「神舟十一號」的飛行機會擦肩而過後，鄧清明已經五十多歲了，身體機能不可避免地下降著，這是最讓他擔憂的事情。隨著一代又一代年輕航天員的加入，鄧清明成為執行航天員的機會變得愈來愈小，想到這裏，他的心情不禁變得有些落寞。

就在這個時候，主持人請出了一位特殊的嘉賓。鄧清明沒想到，節目組竟然把自己的女兒請到了現場。女兒帶著一封給父親的信來到了現場，在台上對著鄧清明念道：「我看到你染過的頭髮裏面暗藏的白髮，為你在這一崗位默默地奮鬥的這二十年而心疼。爸爸是我見過的最敬業的人，最無私的人。『三十功名塵與土，八千里路雲和月。』

我們的生活還在繼續，你永遠是我心目中最偉大的英雄。」

嚴酷的訓練早已讓每一位航天員掌握了控制自己情緒的能力，但在這一刻，鄧清明還是沒有忍住，落了淚。就算自己為了完成航天使命、追求航天夢想而沒能常常陪伴在家人身邊，就算自己一次又一次地與飛上太空擦肩而過，自己的家人依然堅定不移地支持著自己。每天晚飯後，女兒都會推著自行車，在訓練場的圍牆外看望鄧清明。每一次回家，鄧清明的愛人都會捧著鮮花迎接他，鼓勵他，女兒也一同站在門口歡迎英雄父親回家。

或許作為航天員的鄧清明二十年來還沒有作為第一梯隊執行過航天任務，但在家人的眼裏，二十年如一日堅持完成訓練，時刻為國家航天任務做著準備的鄧清明，就是一位航天英雄。

不，不只是在家人的眼中，也不只是鄧清明一個人。

一如已退役的第一批航天員，無論他們去過還是沒有去過太空，都不曾卸下過一分力。無論是在浩瀚太空中執行任務的航天員，還是在地面守望著太空船一飛衝天的候補航天員、研究人員和工程建設者，不論經過多少風霜與勞碌，不論經歷多少苦痛和遺憾，中國載人航天事業的許許多多推動者，永遠不願意卸下肩上中華民族航天事業的重擔，所有中國航天員一刻也沒有放下對浩瀚太空的嚮往。不論到最後他們有沒有進入太空，他們都從不回頭，永不放棄。

讓我們再一次念出他們的名字，回顧他們的英雄事蹟吧——

楊利偉，隨「神舟五號」太空船首次進入太空，是中國第一個進入太空的人。

聶海勝，隨「神舟六號」太空船進入太空，是目前在太空飛行時間最長的太空人，「神舟十號」乘組指令長，執行「神舟十號」和「天宮一號」對接操作。

翟志剛，「神舟七號」乘組指令長，中國太空漫步第一人。

景海鵬，「神舟十一號」太空船指令長，中國目前唯一三次進入太空的太空人。

劉洋，隨「神舟九號」太空船進入太空。中國首位飛天女太空人，在太空飛行十三天。

王亞平，隨「神舟十號」太空船進入太空，中國首位「八〇後」女太空人，在太空飛行十五天。

……

每一位太空人的太空之旅，都是中國人輝煌燦爛的宇宙征途！

國家圖書館出版品預行編目 (CIP) 資料

中國航天員 / 葛競著 . -- 第一版 . -- 新北市 : 風格司藝術創作坊出版 ; [ 臺北市 ] : 知書房發行 , 2020.03

面 ;　公分 . -- ( 嗨 ! 有趣的故事 )

ISBN 978-957-8697-77-5( 平裝 )

1. 太空人 2. 中國

447.925　　109001497

嗨！有趣的故事

# 中國航天員

作　　者：葛　競
責任編輯：苗　龍

發　　行：知書房出版
出　　版：風格司藝術創作坊
　　　　　235 新北市中和區連勝街 28 號 1 樓
電　　話：(02) 8245-8890

總 經 銷：紅螞蟻圖書有限公司
　　　　　台北市內湖區舊宗路二段 121 巷 19 號
電　　話：(02) 2795-3656
傳　　真：(02) 2795-4100
http://www.e-redant.com

版　　次：2020 年 11 月初版　第一版第一刷
訂　　價：180 元

本書如有缺頁、製幀錯誤，請寄回更換
Chinese translation Copyright © 2020 by Knowledge House Press
本書繁體中文版由接力出版社、黨建讀物出版社共同授權出版
ALL RIGHTS RESERVED
ISBN　978-957-8697-77-5　　Printed inTaiwan

Hi! Story

Hi! Story · Hi! Story · Hi! Story

Hi! Story

Hi! Story